北京市科学技术协会科普创作出版资金资助

！生活垃圾零排放

［法］朱莉·贝尼埃　著

古加　译

中国轻工业出版社

图书在版编目（CIP）数据

生活垃圾零排放 /（法）朱莉·贝尼埃著；古加译.
—北京：中国轻工业出版社，2021.11
ISBN 978-7-5184-2807-6

Ⅰ.①生… Ⅱ.①朱…②古… Ⅲ.①生活废物—垃
圾处理—普及读物 Ⅳ.① X799.305-49

中国版本图书馆 CIP 数据核字（2019）第 264504 号

审 图 号：GS（2021）7606号

责任编辑：江 娟 王 韧　责任终审：高惠京　整体设计：锋尚设计
策划编辑：江 娟　　　　　责任校对：宋绿叶　责任监印：张 可

出版发行：中国轻工业出版社（北京东长安街6号，邮编：100740）

印　　刷：艺堂印刷（天津）有限公司

经　　销：各地新华书店

版　　次：2021年11月第1版第1次印刷

开　　本：720×1000　1/16　印张：12.75

字　　数：197千字

书　　号：ISBN 978-7-5184-2807-6　定价：68.00元

邮购电话：010-65241695

发行电话：010-85119835　传真：85113293

网　　址：http://www.chlip.com.cn

Email：club@chlip.com.cn

如发现图书残缺请与我社邮购联系调换

191336S6X101ZYW

序

地球正走向衰亡，我们也将随之……啊，这是一个可怕的过程！如果你没有阅读这本书，可能会感到很焦虑。

所以，即使你还没开始读这本书，我也想对你说声"恭喜"。恭喜你想要改变。因为改变习惯需要勇气……

你已经有了一个很好的开端，你手上的这本书无疑就是"现代绿色生活宝典"。

在过去4年里，我一直在制作有关环境问题的视频，收集一些令人震惊的事实，并尽可能地抵制破坏环境的行为。每当审视这些状况，我总是问自己，"我能做什么？怎么做？又从哪里开始呢？"也就是说，如果我能早点拿到这本书，就可以节省很多时间了。

本书不仅提出了一个全面、公正并且令人警醒的事实，同时也鼓励我们立即采取实际行动。

在每一章中，你首先会看到一份"现状"盘点，这是一份出色的总结，是行动之前必需的信息。努力实现"零浪费"，是基于我们对问题有着全球性的视野。让我们直面现实，同时了解到人类行为正在摧毁我们所拥有的唯一避风港，如果我们能尽可能地减少浪费，那情况就不会变得更糟……

此外，你不能责怪一个并不知情的人不采取行动。相反，你可以谴责一个知道但什么都不做的人。接着，你会发现所有的措施都是为了解决问题。这已经很好了。相信我，无论你是环保人士还是支持环保的人士，你都会在这本书中找到你感兴趣的内容。

当然，通往"零浪费"的道路并不像一条平缓的河流。除了改变你自身的行为，你还必须面对那些试图阻挠你的"绊脚石"。是的，可能有人会告诉你，"一小步是没有用的""这还不够""行业必须首先改变"，还有许多其他懒惰的借口，他们宁愿在自己的舒适区中自私自利地活着。所以，对于这些批评者，有两条建议，你可以给他们这本书，正如书中所写的，"他们也会改变"。

正如曾在月球上行走的宇航员阿姆斯特朗所说，"这是一个人的一小步，却是人类的一大步"。的确，像"零浪费"这样的小步骤是战略性的，需一步步来实现。

像旁观者一样，被动地看着现有机制继续运行是很容易的。然而，这个机制是由真实的人组成的社会，如果人们以微小的步骤共同体现变革，将从根本上改变我们的社会。

在传播我的理念时，我想引用另一个人的话，"以身作则不是影响别人最好的方法，而是唯一的方法（阿尔伯特·爱因斯坦）。"

那就行动起来吧！以身作则！改变世界！我们生活在一个历史性的时刻，我们必须拯救人类！

但请注意，这不是一场比赛。要循序渐进，不能拔苗助长，否则你会灰心丧气的。按照你的节奏一步一步地来，先做你认为简单的事情，然后逐渐提高，就像玩游戏一样。好吧，这是一场"游戏"，如果你输了，人类最终会灭亡，你也没有第二次生命。但这仍然是一场"游戏"。

你认为自己是日常生活中的英雄吗？

其实，这就是我们每次做环保时的样子。我的意思是，你的每一次绿色行动，不仅仅是为了自己而做，它不只是在我们自己周围制造一个纯净的空间，而让其他人继续待在混沌里。这样做，是为了我们共同生活的地球。如果它出了问题，我们应竭尽所能去守护它。

环保主题视频制作人
尼古拉·梅里厄（Nicolas Meyrieux）

前言

我一直在犹豫如何开始写这本书。我应该乐观地看待这个世界吗？但最终，我对事物的看法并不重要，重要的是事实，不是吗？

当然，我希望能够描述一个公平、可行并且有弹性的社会，能够为了共同利益而不让自己随波逐流，但我们不会在这里讨论这个问题。

我很想说生物多样性正在蓬勃发展，但事实是过去40年里，超过60%的脊椎动物已经灭绝。

我很想向你们展示海洋中生活着许多美丽的生命。

但如果我们继续现在的生活方式，到2050年，海洋塑料垃圾将超过鱼类。

我很想告诉你们，边界已被打破，但同时到处都在产生新的隔阂。我们新的"塑料大陆"无法容纳大约1.43亿"气候难民"，他们必须在2050年之前寻找一个可行的避难所。

提高公民生态意识

尽管人们并未广泛察觉到地球系统的混乱，但它们确实存在，而且正变得越来越具有破坏性。

然而，面对这些威胁着地球生态系统和整个人类的危险，有些人会告诉你，这不是我们采取行动就能解决的，而是需要企业家改变他们的做法，需要国家制定可持续发展战略。事实上，我们可以花一辈子的时间来思考谁应该为这种现状负责……或者，每个人都可以承担起自己的责任，采取行动，开始想象明天的社会，并激励其他人也这样做。

同舟共济

我们如此专注于创造壁垒，越来越小的实体（洲、国家、地区、省、城市），以至于一切似乎都被分割了。但这是完全错误的。让我们停止把我们的领土看作是自治的实体。地球系统的混乱是一个全球性的问题，而不是针对某个实体的问题。每一个空间，每一个生命，对地球来说，就像一个重要的器官对于生命体一样，是一组密切并相互依存的关系中的一个重要子系统。

还有时间

我们正在经历一个历史性的过渡时期。如今经济和社会制度的局限性日益明显，因此为保护生态系统及受到最大威胁的人群，也为了纠正因短期利益刺激而使社会走上的歧途，无数支持社会正义与气候的倡议正在涌现。

成千上万的科学家齐心协力，发出强力的警报：我们仍然能够减缓破坏性的影响，但时间不多了。因此，让我们睁开眼睛，共同行动；让我们停止把气候和社会问题视为危机。危机是短暂的，我们仍有希望让一切恢复正常。

走得更远，重置优先级

在过去的几十年里，我们的印象还停留在只要刷牙时关掉水龙头、离开房间时关灯，情况就会发生变化。进步和技术将使我们能够走出给自己挖的坑。其实，它们只是被挖得更快、更深。我们被引导相信"幸福在于拥有，而不是表达"。我们的价值取决于我们的财富，而不是我们的"好"。然而，我相信，如果我们的存在有意义的话，那就是保护生命，表现出人性、仁慈和利他性。

由于我们过去40年的"环保"只加重了环境问题，现在是改变的时候了。

我们有众人支持，有合作和承诺。个人意志的结合比我们想象的要强大得多。哦，我这么说不是为了让你感到内疚，绝非如此，而是为了让你意识到日常行动的力量，并明智地使用这种力量。

日常环保手册

这本书的目的是帮助大家解决这个问题，让我们一起解决问题的根源：过度消费、浪费和由此产生的垃圾。为此，我希望这本书能提供一个可靠的生态数据库，包括地球的现状和各个领域的浪费：家庭、花园、学校、工作、旅行等。基于这些发现，这本书提供了简单易用的技巧，如关于如何减轻垃圾箱的重量，关于如何以不同的方式消费的建议，关于自己动手而不是购买成品的建议，以及关于更负责任的生活方式的建议。一切都是为了让每个人都能根据自己的期望、偏好、价值观和生活方式找到自己的定位。

无论是在家里还是在外面，无论是在你的家庭、工作、文化和社会生活的各个方面，你都将能够参与进来，促进健康、节约开支、保护资源，并对自己的消费和行为有更清醒的认知。努力实现零浪费、零垃圾的日常生活，知行合一。

　　在我的实践过程中，很多人都在自己擅长的领域给予了我很大启发。希望我们所有人都能共享可持续发展的"钥匙"，以及参与其中的热情！

朱莉·贝尼埃
（Julie Bernier）

注：除非另有说明，本书中提供的数据均截至2018年12月31日。

译者序

很荣幸能够参与这本书的翻译工作，通过文字认识了年轻并实践着理想的作者。原法文书名为*Zéro Déchet*，其实Déchet这个词可以有很多种理解，可以是浪费、垃圾、废弃物等。综合了我们的实际情况和美感，我最终选择了"零浪费"作为统一的中文翻译。在了解法文原文的意思后，希望大家在阅读时，可以更加全面地理解作者的写作意图。

本书中提到的观点和生活方式是作者在其自身的生活环境下总结的，仅仅作为参考，有些做法尚有待商榷。具体到各个国家，各个家庭及个人，需要考虑自身情况，有选择性地寻找适合自己的生活方式，保护环境、减少浪费，而不是盲目照搬。由于法国的生活方式以及社会环境与中国不尽相同，作者在书中提到的一些做法并不适用于所有情况。这篇序仅以我在法国留学期间对法国粗浅的认识，分享读后感，并尽力为大家做一些简单铺垫。

提到环境保护、极简主义等字眼，很容易让人联想到一些了无生趣的场景。

我很赞赏作者首先以一种轻松的姿态告诉读者，在不打扰他人的情况下，坚持自我很快乐。极简主义生活方式不是要人去做苦行僧，而是为了自己心中的信念去做努力。在向他人介绍自己的想法时，不要轻易就把自己架在道德制高点上，以审判的态度视人。这样不仅不能够赢得对方的支持，反而会把他们推得更远。环境不允许或者周围的人没有十分注意减少浪费这件事时，也请放轻松，要相信人们并没有想太多，他们只是对零浪费理念不够了解。

除了在大城市中心生活的法国家庭，很多法国人生活在大城市周围的小镇上。在这些小镇上，主要的住宅形式是带花园的独栋或联排小楼。因此，作者在"房屋与花园"这一章节提到的许多做法，更适合拥有更大生活空间的人们。不过我们可以改良她的做法，尝试用花盆堆肥或在阳台种植物。

"零浪费礼物"是整本书里我最喜欢的一个主题，对礼物的选择真的很有启发。很多礼物华而不实，摆着占地方，扔掉又可惜。不如送对方一个并不会产生垃圾的演唱会门票或者花时间一起去做喜欢的事。但是，送给小朋友一个辅导班课程，不知道他们是不是喜欢。哈哈。

祝你从这本书中感受到简单生活的快乐！

古加

目录

居家清洁

工作

社交休闲

集体行动

附录 / 196
后记 / 204

现状

我们的星球

生活垃圾与资源枯竭

技巧

5个关于垃圾分类的建议

这些永远不知道该扔在哪里的垃圾

日常垃圾管理

垃圾箱里的秘密

日常生活知识

哪个垃圾箱对应哪种垃圾?

5 "R"
助你实现零浪费生活

拒绝　　　　　　减少

重复利用

回收

宣传

回馈大地

合理选择

提倡/不提倡

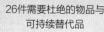

26件需要杜绝的物品与可持续替代品

地球与生活垃圾

现状

我们的星球

全球变暖，海水酸化，物种灭绝……我们的星球正处于危险之中！

28 ~ 98 cm

冰川消融

从28到98厘米，
到2100年海洋中的水将更多。

虽然海水在增加，但是淡水资源却在减少。

[资料来源：政府间气候变化专门委员会（IPCC）第五次报告，2014年]

观察

+1.2 ℃

气候变暖

1900年以来增温1.2℃。

在冰河时期，10000年的冰川融化才能带来5℃的增温。如果我们不做出改变，将在短短100年内达到这一"成就"。

（资料来源：《自然地球科学》发表的报告）

气候迁移

1.43亿 ~ 10亿

到2050年将有1.43亿至10亿气候移民。

（资料来源：世界银行/联合国）

+18000 亿吨

如果冻结的北极土壤继续融化，释放到大气中的碳将增加18000亿吨。

80%

80%的森林砍伐与农业有关。

[资料来源：联合国粮农组织（FAO），下同]

1个足球场

相当于2017年每秒砍伐1个足球场。

（资料来源：全球森林观察）

全球森林砍伐

威胁生态系统

> 60%

40年来，超过60%的脊椎动物消失了。

[资料来源：世界自然基金会（WWF）]

塑料

塑料大陆

大太平洋垃圾带的面积为2.5个法国的国土面积。

（资料来源：科学报告/Nature.com，2017）

200 亿吨

的塑料每年被排放到海洋中。

（资料来源：联合国环境规划署/ consoGlobe）

150 万

每年有150万海洋动物死亡。

到2050年，海洋中的塑料将比鱼类还要多。

（资料来源：艾伦·麦克阿瑟基金会报告，2016年1月）

生活垃圾与
资源枯竭

有时很难意识到生活垃圾的数量与资源枯竭之间的联系。现实中，这个等式很简单：垃圾的增加反映了生产的增加，从而反映了所消耗资源量的增加。与此同时，地球资源并没有增加。相反，由于我们无视资源的再生能力、有限的储备以及稀缺性，仍然进行过度开发，导致它们正在枯竭。

生态包袱

普通人并不知道制造日常用品时需要多少资源和浪费。这些隐藏在产品生产、运输、使用和处置过程中的废物被称为"灰色垃圾"或"生态包袱"！

资源的开发需要森林砍伐和矿物质开采。对于一支普通的牙刷，在它第一次使用之前，石油开采、塑料加工、牙刷的制造和运输就已经计算在其"生态包袱"内了。

观察

每件物品的灰色垃圾重量

1个牙刷	....	1.5千克
1台电脑	....	1500千克
1个0.09克的电子芯片	....	20千克
1部手机	....	75千克
1条牛仔裤	....	32千克
1个5克的戒指	....	2吨

零浪费提示

"地球生态超载日"是地球每年可再生资源耗尽的日子。从那天起，我们开始生态负债。这一指标是由非政府组织"全球生态足迹网络"（Global footprint）制定的，用于衡量资源枯竭的速度。现在，每年的这一天，越来越提前。1971年12月29日达到限额，2018年8月1日达到限额。

法国人倾倒的生活垃圾

每人每年

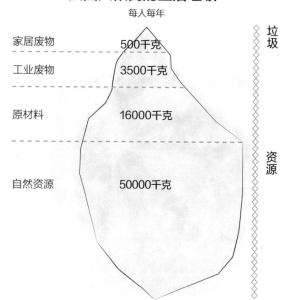

家居废物	500千克	垃圾
工业废物	3500千克	
原材料	16000千克	
自然资源	50000千克	资源

总的来说，每产生500千克的生活垃圾，平均带来近3500千克的工业垃圾（灰色垃圾），消耗近70吨的资源。这一事实能使我们更好地理解个人消费的影响。事实上，如果所有的人类都像法国人这样生活，将需要至少3个地球来满足我们的需求。问题是，地球只有一个。

如果全世界的人都像这些国家的人那样生活，需要多少个地球来容纳全世界的人？

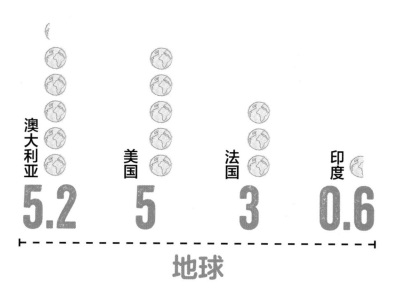

澳大利亚 **5.2**　美国 **5**　法国 **3**　印度 **0.6**

地球

日常垃圾管理

焚化炉结构

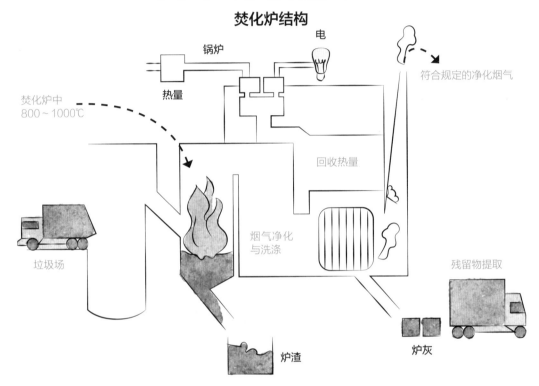

电

锅炉

热量

符合规定的净化烟气

焚化炉中
800~1000℃

回收热量

垃圾场

烟气净化
与洗涤

残留物提取

炉渣

炉灰

　　炉渣（焚烧炉灰烬中分离出的固体残留物），尤其是**炉灰**（生活垃圾焚烧产生的烟雾净化后产生的残留物）是有毒的。它们的排放受法令的管理。部分炉渣用于道路建设，其余部分进入"非危险废物贮存设施"（即掩埋），炉灰则进入"危险废物贮存设施"。尽管采取了所有预防措施，但这种污染物的浓度对地下水和土壤寿命构成了威胁。

[资料来源：ADEME（法国环境及能源管控署）]

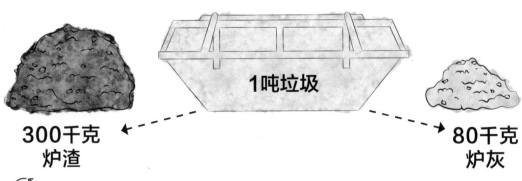

300千克
炉渣

1吨垃圾

80千克
炉灰

垃圾箱里的秘密

平均而言，**每个法国人每年产生590千克垃圾**，其中365千克进入家庭垃圾桶和公共分类垃圾箱，225千克直接进入垃圾场。这是40年前的2倍。

生活垃圾在灰色（或绿色）垃圾桶内的分布比例

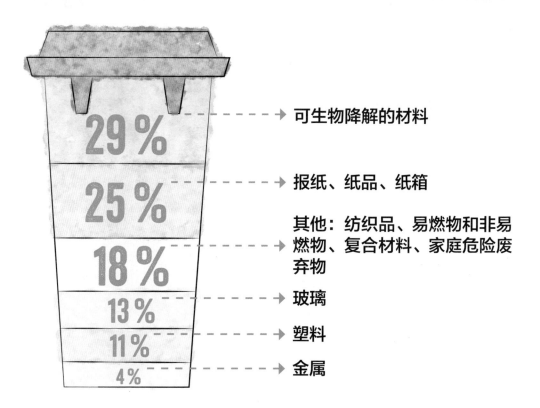

- 29% → 可生物降解的材料
- 25% → 报纸、纸品、纸箱
- 18% → 其他：纺织品、易燃物和非易燃物、复合材料、家庭危险废弃物
- 13% → 玻璃
- 11% → 塑料
- 4% → 金属

按体积计算，每年我们的垃圾箱有50%被包装材料占据。事实上，这算得上是个好消息。这意味着通过取消包装和回收有机垃圾，我们就可以很轻松地减少一半以上的垃圾。

哪个垃圾箱对应
哪种垃圾？

灰色垃圾桶
所有不可循环利用的东西

- 碎玻璃
- 滚珠体香剂
- 硫酸纸、烘焙纸
- 铝箔（巧克力纸、铝箔纸）
- 咖啡杯，因为覆有一层塑料薄膜
- 塑料壳，薄塑料
- 废物（小于7厘米即手掌大小）

其他

- 使用电池和充电线的电子设备：可以送到垃圾处理、回收或转运站。找到离你最近的合适的回收站。

- 电池、灯泡、胶囊咖啡：退还给分销商。

- 衣服和布料（不论是否破损、有洞或有污渍）：送到衣物捐赠点。

- 家具：送到旧货站，捐赠（见第29~30页），送到垃圾站处理。

- 制冷和冷冻设备：送到回收物再流通中心或垃圾站。注意，千万不要随便丢掉。它们必须要妥善处置，因为它们含有的高污染制冷剂气体会对臭氧层造成严重损害。

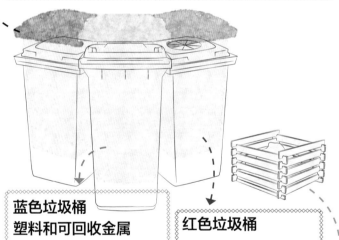

蓝色垃圾桶
塑料和可回收金属

- 只有PET（聚对苯二甲酸乙酯）或PEHD（高密度聚乙烯）类型的塑料可以回收：矿泉水瓶、瓶子（洗发水、沐浴露……）
- 易拉罐、使用完的真空罐（发胶、喷雾）、罐头
- 纸

红色垃圾桶

- 有害垃圾，如化学药品、废电池

绿色垃圾桶

- 厨余垃圾……

注：这些垃圾箱的颜色可能因社区的不同而有所差异。如果您有任何疑问，请联系垃圾分拣管理部门。

5个关于垃圾分类的建议

回收不是理想的解决方案。然而，通过垃圾分类，我们就可以重复使用再次加工过的材料，并避免浪费新的资源。不过每种垃圾都有特定的分类，并且很容易出错。你需要了解一些常识。

并不是所有的纸都能回收利用

是的！有些"用过"的纸张是不可回收的：描图纸、照片、收据……还有，沾油的纸和纸盒，或面包店的牛皮纸袋。

大小重要吗？

是的！大多数比手掌小的垃圾是不可回收的。不要把你的纸撕成碎片！

让垃圾安静待着

皱褶或撕碎的纸张以及压缩的瓶子更难回收！把它们维持原状扔进垃圾桶就好。

了解本地的垃圾分类政策

垃圾管理在各地都不尽相同，它是由地方社区管理的。从一个城市到另一个城市，分类政策可能会有所不同。

你可以用小便笺

在家里或办公室里，用便笺准确地指出每个垃圾桶里可以放什么。这样可以节省时间，也避免了错误分类。

如果我把垃圾放错了会怎么样？

扔错垃圾会使分拣中心的工作复杂化，并使社区付出高昂的代价。在分拣中心，不可循环再利用的废弃物必须和可回收垃圾分开，然后运往焚化厂或填埋区。扔错垃圾会带来额外的处理和运输成本，以及对环境和能源的影响。另一方面，如果被错扔的垃圾太多，可能导致整箱垃圾都无法被回收，只能被送到焚烧炉。

这些永远不知道该扔在哪里的垃圾

软木塞

虽然未被列入可回收垃圾单内，但软木塞是100%可回收的。遗憾的是，当它们在生命周期中继续向大气中捕获二氧化碳时，却被丢弃了。把它们收集在一个干燥的盒子里，然后把它们放在一个收集点，比如你的葡萄酒供应商那里。如果他还没有这项业务，别放弃，建议他这样做。

易拉罐拉环

在法国，人们每年要喝**47亿**罐饮料，这也意味着同样多的拉环被扔掉了。由于太小太轻，它们并不能被单独回收。但我们可以把金属拉环收集在一个罐子里，然后扔进金属分类垃圾桶。

烟头

烟头是有毒的，不可生物降解的，但当它们到达特定的分拣标准时，就会被回收。法国有几个组织为收集、净化和回收烟头提供解决方案。我们希望有更多的企业能够采用这个办法。

塞子和盖子

- **塑料瓶盖** 把它们和塑料瓶放在一起，它们就会被回收利用。一些公益机构也会在特定的地点收集它们，特别是在超市、有机商店等。

- **玻璃瓶的金属盖** 取下并放入金属分类盒中。或者把你的玻璃瓶留下来重复使用，或送给你周围坚持零浪费生活方式的人们。

- **金属薄膜** 尽管它们是铝制的，就像铝箔一样，但材料太薄，无法回收。把它们和生活垃圾放在一起就好。

零浪费妙招

原则上，比手掌小的纸片不会被收集。为了最大限度地提高它们被回收的概率，可以把它们放在一个更大的纸盒或纸箱里（食品纸盒、信封等）。同样，也可以将易拉罐的拉环放入罐子中回收。

5"R"助你实现零浪费生活

　　我已经看到怀疑论者对这个想法嗤之以鼻："零浪费是不可能的，简直是开玩笑。"他们是对的。确实，"零浪费"这个名字选择得很糟糕，它是一种极致的简化，而且极致得可怕，是因为这不仅仅是不产生任何垃圾的问题，还因为我们知道这是不可能的。但另一方面，我们很容易做到大幅度减少浪费。那如何做到这一点？我将几个关键点总结为"5R"。

拒绝（REFUSER）

　　我们不需要的是一次性的和对环境以及我们的健康有害的物品。同时，我们也要拒绝一种滞后的社会模式，在这种模式下，社会公平与环境代价被广泛地忽略了。

减少（RÉDUIRE）

　　通过减少我们（过度）的日常消费，来摆脱对物质财富日益增长的需求，降低对资源的压力，专注于体验而不是拥有，找到与我们的价值观相匹配的愉悦感受。

重复利用（RÉUTILISER）

　　我们的目标是延长物品的生命周期，以防止可用物品被焚烧或填埋，同时也是为了限制生产新产品对资源造成的压力。

回收（RECYCLER）

回收那些既不能少用也不能不用，并且不能被重复利用，不能拿去堆肥（见回馈大地）的东西；以便使我们的消费进入一个循环经济，在这个经济中，就像生态系统一样，不再有垃圾。

回馈大地（RENDRE À LA TERRE）

把地球无私提供给我们的东西还给地球，利用它的资源和营养来确保我们的食物供给和生存。回馈大地还意味着维持土壤的生命力，以减缓土壤被侵蚀的速度，并鼓励生态友好的耕种方式。

2 "R" 福利

合理选择（RATIONALISER）

这不仅仅是简单地拒绝不可回收的塑料垃圾。零浪费是一种协同模式，它关系到我们整体的生活方式、社会模式以及消费方式。退一步讲，它能使你的行为更有一致性。

宣传（REVENDIQUER）

请为你的参与感到骄傲，并和周围的人谈论它。不是为了让别人感到内疚，而是为了激励他们、打破偏见，让你周围的人也这样做。

拒绝

零浪费首先意味着不接受任何与我们的消费和生产价值观相冲突的东西，但也意味着拒绝一种鼓励过度消费的社会模式。

拒绝，就是……

超越物质的思考
拒绝屈从于与我们价值观相悖的生活方式、消费方式与社会模式，是要决定去摆脱它们，而不是去打碎快餐连锁店的玻璃窗。

反思
怎么做？意识到并摆脱广告的影响，摆脱我们对能源和工业的依赖。走向更自给自足的生活，学会自己动手制作一些生活用品。

清除障碍
我们的家中有各种各样的东西，越堆越多，并且需要时间去维护。零浪费首先是在源头上减少这些东西。而源头，正是我们自己。只需要拒绝那些我们不需要的东西，就可以拒绝浪费。

切勿态度粗鲁或贬低他人
说"不"可能会被周围的人误解，尤其是如果他们不认同我们的理念，或者他们从来没有问过自身同样的问题，每个人都有自己的生活方式。当你拒绝某件事的时候，为了更容易让人接受，花点时间冷静地解释自己的做法，并根据你的价值观提出一个替代方案。

场景：

1. 一起去逛街吗？

回答：

我正试着少买东西，这样就可以减少我对环境的影响。如果你愿意，我们可以花点时间去散步、健身或者玩桌游。

2. 我们想送你儿子新款游戏机。

回答：

他现在该有的都有了，我更希望他离电子设备远一点。我们想给他建一个学习基金，如果你确实想送他一件礼物，要不要参加这个基金？还可以带他去看展览，去游乐场，或者帮他报名体育或艺术活动，怎么样？

"最好是根本不去制造垃圾"

当然，拒绝，但拒绝什么？

很简单，拒绝那些在几乎毫无意识的情况下出现在我们日常生活中的小垃圾。

- 免费试用的小样
- 传单和其他广告
- 会员卡
- 纸巾和吸管
- 咖啡厅提供的独立包装
  饼干和巧克力
- 面包店的牛皮纸袋
- 各种塑料袋
- 收据小票
- 不必要的包装
- 一次性物品（餐具、杯
  子、碗碟、卫生用品等）
- 不符合我们价值观的产
  品（质量低劣，不尊
  重我们的道德、健康与
  环境的产品）

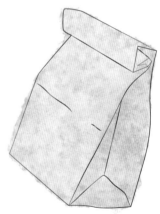

减少

理性购买，拥有更少，意味着我们对资源的需求更少，最终减少我们对环境的影响。它意味着减轻每个人对资源的压力，为改善生活中的核心需求寻找新的办法。顺便说一句，这样可以省钱，省很多钱，积少成多，总是有好处的。

 ## 减少，就是……

按照你的节奏去做

不是每个人都准备好能马上过简朴的生活。可以尝试从一些小目标开始，然后按照你的节奏去做，试着越来越少地满足自己。极简主义本身并不是目的，重要的是要反思你的购买习惯和动机。试着在体验、分享和学习的时刻中，而不是在积累财富中找到幸福感。

保持积极

如果你把极简主义当作是吃苦，就会感到自己是守着清规戒律的苦行僧。你能坚持一段时间，然后在某一个晴朗的天气，你的坚持就土崩瓦解了。让我们换一种看待事物的方式：少买东西就意味着少做家务，省去找东西和搭配衣服的时间。简而言之，这就是更简单的生活。

避免攀比

每个人都可以找到适合自己的极简主义，过上舒适、充实的生活。但这并不是一场比赛。

善待自己

与其禁止你购买任何东西，不如寻找其他方式来满足你的临时需求：租、借、购买二手商品……如果有一天，你买了一件不符合你价值观的新东西，也没有关系。既然买了就好好使用，并从中体会到：物质带来的满足感是短暂的，唯一让我们快乐的是我们自己。

避开广告

驱动消费的核心是广告。你不会带一个老酒鬼去美酒品鉴会吧？如果你有强迫性购物的习惯，并且对广告很敏感，那就避开它。在广告时段关掉电视声音，换一种方式，比如在地铁里专注于一本书，在街上看风景。渐渐地，你就不会再注意橱窗了。

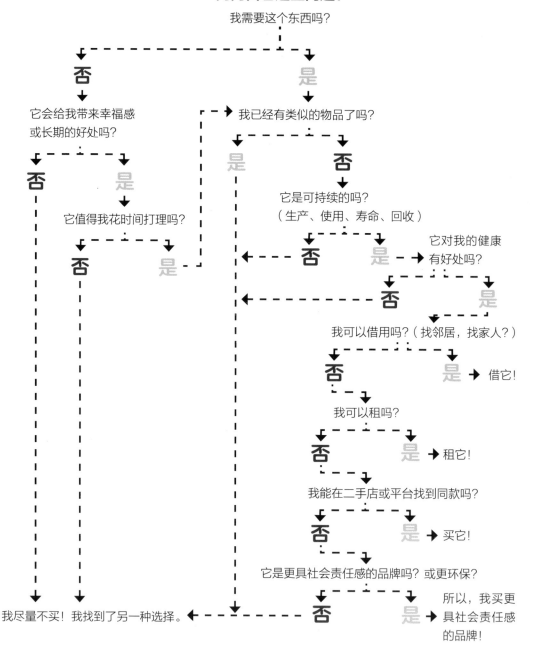

你正准备买东西吗?
问问自己这些问题!

我需要这个东西吗?

否

是

它会给我带来幸福感
或长期的好处吗?

我已经有类似的物品了吗?

否

是

是

否

它值得我花时间打理吗?

它是可持续的吗?
(生产、使用、寿命、回收)

否

是

否

是

它对我的健康
有好处吗?

否

是

我可以借用吗?(找邻居,找家人?)

否

是 ➜ 借它!

我可以租吗?

否

是 ➜ 租它!

我能在二手店或平台找到同款吗?

否

是 ➜ 买它!

它是更具社会责任感的品牌吗?或更环保?

我尽量不买! 我找到了另一种选择。

否

是 ➜ 所以,我买更
具社会责任感
的品牌!

重复利用

重复利用、维修、捐赠：这样可以延长产品的生命周期，以推迟其被回收或浪费。尽量重复使用日常用品也是避免一次性产品（餐具、碗盘、水果和蔬菜包装袋、卸妆棉、瓶子……）的最好方法。这意味着给一个不再有用的东西找到一种新的用途，或者改造它们。以下有几点经验值得你借鉴。

重复利用

可以自己动手，也可寻求帮助

- **第一步**：利用相关论坛帮助诊断故障。
- **第二步**：订购备件进行维修。
- **第三步**：动手修理，要对自己有信心。
- **第四步**：传播经验和方法，帮助你的朋友和邻居。

捐给回收物再流通中心

如果你要扔掉一件东西，可以把它捐给回收物再流通中心。它会在那里得到修理，之后以公益价转售，或者用它的零部件去修理其他物品。旧货站有时候还会不定期提供修理服务。

寻找修理工

去找专业人士吧，修理工、鞋匠、钟表匠等。不需要解释。

 捐赠

为了防止你的可用物品被扔进焚化炉或垃圾填埋场，把它们送给你的朋友、邻居、协会……它们可能会找到一个有爱的新家，真正帮助到那些有需要的人。

书籍 ◇ 衣服 ◇ 家电 ◇ 玩具

只要你留心，这些物品都能顺利捐赠给有需要的人！

 发现

计划性报废

由于这种做法能够刺激消费，"计划性报废"成了企业家们的好工具。一开始他们就计划好了产品的"过早死亡"，从而迫使消费者再次购买。更糟糕的是，这些产品从设计之初就是不可修复的，有的是不可拆卸的，也不再有配件，维修费用昂贵或需要大量时间……这一切都是为了让我们买新东西而设计的。过时可能是技术上的（无法修复的故障），也可能是心理上的（也称为美学上的过时）。在第二种情况下，商品在用户眼中变得过时，而它的功能并没有问题。这适用于手机，同样也发生在服装时尚领域。新系列一经推出，就很快让旧款式显得土气过时。

零浪费提示

最重要的是购买耐用物品。避免任何一次性、不可循环利用或品质欠佳的物品。随着时间的推移，减少商品的购买次数但提升品质，你同样可以节省开支。

迄今为止，寿命最长的灯泡在美国加利福尼亚州利弗莫尔市的一个消防站里。它从1901年就开始发光了。这证明我们可以生产可持续的产品。当然，这样对经济增长没什么"贡献"。

回收

"没关系，它可以被回收！"我无数次听过有人以这样的话来问心无愧地用着一次性用品。然而，回收远没有表面上那么高尚。必须停止把回收利用当成浪费的借口！

回收，就是……

认识到回收的不良影响：它在为我们开脱罪责。回收不是可持续解决方案之王。我们应该从源头上减少废弃物。

35 %

仅有35%的纺织品被再利用或回收。

5 %

全球只有5%的塑料垃圾被有效循环利用。

5

5个塑料大陆正在地球表面出现。

74.6 %

在法国，只有74.6%的玻璃被回收。如今，收集和处理玻璃的成本往往高于制造新玻璃，这不利于回收利用。

200 kg

每秒有200千克的垃圾进入海洋。

5~10

5~10 =可回收纸板和木材的次数。所以，回收是有限度的。

26 %

在法国，只有26%的塑料被回收。

回收，还不错，
但最好是重复使用和减少浪费！

"回收是循环经济中最糟糕的一环。一方面，回收本身消耗大量的水和能源。另一方面，回收过程会造成衰减，也就是说，你不能无限次地回收一定数量的产品，因为每个回收周期后，产品的质量都会下降。"

——朱尔·夸尼亚（Jules Coignart），Circul'R项目联合发起人

循环经济

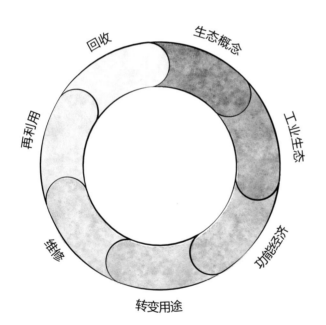

**零浪费
提示**

在日本上胜町，居民们将垃圾分为45种不同的类别，以实现最大限度的回收利用。这是"零浪费"模范小镇。

"循环经济就是从自然中汲取灵感，把经济想象成一个生态系统，确保所有资源都得到明智的利用，实现零浪费。毕竟，自然界没有垃圾。"

——朱尔·夸尼亚

回馈大地

有机废物占我们垃圾箱的三分之一，即每人每年约产生100千克有机废物。它们被扔进家庭垃圾箱，最终被掩埋或焚烧。这是对这些主要由水和营养物质组成的资源的巨大浪费。是的，水和土壤再生材料正在耗尽。真遗憾，不是吗？幸运的是，还有一个更好的选择：堆肥。

回馈大地，就是……

我们只是让（植物）有机垃圾被微生物分解然后吃掉。作为回报，它们产生了对土壤肥力至关重要的营养物质。66~69页介绍了几种在花园和公寓里堆肥的方法。

堆肥是……

- 恢复土壤养分，维持土壤活力。
- 减少焚烧或填埋的废物及其负面影响。

- 产生高质量的肥料，避免使用加速土壤侵蚀并削弱土壤肥力的化肥。

80%的蚯蚓已经从法国的耕地上消失了。

零浪费信息

由于微生物和蚯蚓的消失，25%的土壤受到侵蚀。

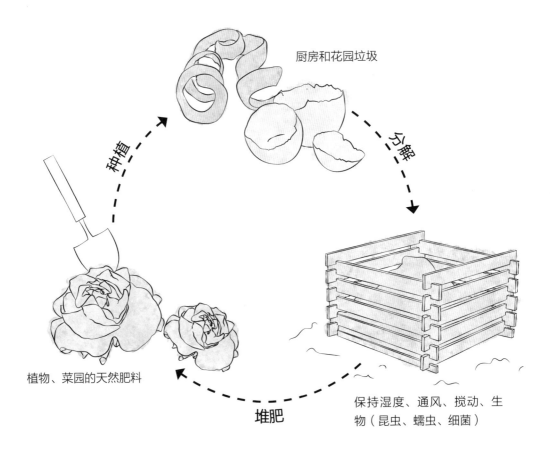

厨房和花园垃圾

分解

种植

植物、菜园的天然肥料

保持湿度、通风、搅动、生物（昆虫、蠕虫、细菌）

堆肥

发现

无价的蚯蚓

通过不断地挖洞，蚯蚓将黏土和矿物从地面或较浅的土层中翻出来，并将排泄物与有机物混合。它们是土壤自然肥力的来源，是"腐殖质"的来源，它们使土壤得以持续再生，防止被侵蚀。因此，停止在农业中使用化肥来保护蚯蚓是非常重要的。

合理选择

购买散装物品，不要包装，可以大幅减少浪费，这很好，但还不是全部。12月在超市买散装西红柿真的是零浪费吗？购买阿根廷生产的有机牛油果真的是零浪费吗？零浪费需要我们重新选择商品原产地，考虑时令，减少能源浪费以及所产生的垃圾。

合理选择

零浪费思维

第一步		第二步		第三步
生产方法	- - - →	**使用**	- - - →	**结束**
它是有机的、本地的、当季的、生态友好的吗？		它是可重复使用的、可持续的吗？		它是可堆肥的、可回收的吗？

初始行为

- 买带包装的有机肉类，每餐都吃。
- 坐飞机去世界另一端的生态农场。
- 在11月份，购买散装草莓……
- 购买用大量塑料包装的素食和有机食品。

合理化后

- 理性消费动物产品。
- 参加离我们更近的地方组织的很棒的活动。
- 购买时令产品是节约资源的必要条件。
- 优先考虑散装，因为塑料是一种污染……它在自然界和海洋中随处可见！

事实上，零浪费的概念不仅仅是管理你扔掉的东西，它更是一种生活、思考和行动的方式，目的是分析所购买的产品在每个阶段的成本，以确定它们是否对生物健康和环境有害。

26件需要杜绝的物品与可持续性替代品

　　塑料、一次性工具、对健康有害的物品……我们日常生活中的许多产品都可以被替换或取消。

厨房与野餐

不提倡

- 塑料瓶
- 纸或塑料的一次性盘子
- 一次性杯子
- 塑料盖子
- 一次性咖啡搅拌棒
- 外卖盒
- 牛皮纸袋
- 垫桌纸
- 塑料袋
- 塑料保鲜膜
- 塑料或纸吸管
- 小糖包

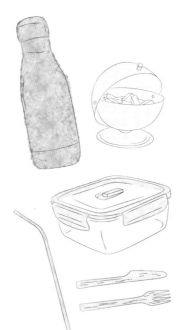

提倡

- 不锈钢或玻璃水壶
- 瓷盘
- 可重复使用的环保杯
- 不锈钢或竹质盖子
- 不锈钢汤匙
- 玻璃饭盒
- 桌布
- 布袋或布包
- 玻璃盖、碟盖、手帕
- 不锈钢或竹子吸管
- 小盒散装糖

浴室

不提倡

- 棉签，挖耳勺
- 纸巾
- 一次性剃须刀
- 卫生棉条和卫生巾
- 剃须泡沫
- 牙刷
- 瓶装洗发水
- 瓶装沐浴露
- 头发干洗剂
- 发胶

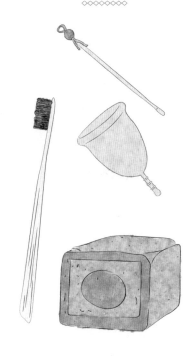

提倡

- 硅胶耳朵清洁工具
- 口袋方巾或手帕
- 安全剃须刀
- 月经杯，可重复使用的卫生产品
- 剃须皂
- 可替换刷头的牙刷或竹制牙刷
- 洗发皂
- 肥皂，马赛皂
- 玉米淀粉
- 自制发胶（第83页）

家庭清洁

不提倡

- 柔顺剂
- 海绵
- 一次性厨房纸
- 打火机

提倡

- 白醋
- 丝瓜瓤，手编清洁球，洗碗刷
- 可重复使用的抹布
- 火柴

DIY

自制散装食品袋

用封蜡保存梨

应季食谱

零浪费蔬菜清汤

自制蚯蚓堆肥箱

技巧

这样买有机食品才划算　　5个零浪费烹饪技巧

日常生活知识

去哪里买？买什么？　　可以考虑购买散装食品

更好地储存食物

餐饮素食化

堆肥

现状

食品

农业

提倡 / 不提倡

优先考虑采购哪些产品？

可以把什么放进堆肥箱里？

必修课

我的零浪费
购物袋

我的零浪费
厨房

零浪费行动表

食品

现状

◇◇◇◇◇◇◇◇◇◇

食品

粮食浪费是我们这个时代的主要问题之一，与之有关的是巨大的人口和人道主义问题。这相当于每年浪费750万亿美元。

13 亿吨

全球每年有13亿吨食物被浪费。

[资料来源：联合国粮农组织（FAO）]

即

1/3

占世界粮食总产量的1/3。

（资料来源：FAO"节约粮食"报告）

农业和畜牧业用水浪费

现象

70%

地球上70%的水用于农业。

（资料来源：FAO）

在法国，这一比例也为70%。

70%

1

块牛排（100克）

=

1500 L 水

生产1块100克的牛排需要消耗1500升水。

世界粮食浪费

1/3

其中1/3的食物是由消费者直接浪费的。
（资料来源：FAO《节约粮食》研究报告）

45 %

其中水果和蔬菜占45%以上。
（资料来源：FAO）

> 41 200 kg

全球每秒丢弃超过41200千克的食物。
（资料来源：FAO）

然而……

> 8 亿

全球超过8亿人正在挨饿。
（资料来源：FAO、农业发展基金和
粮食计划署的联合报告）

法国的食物浪费

1000 万吨

整个食品产业链的生产者、
分销商和消费者每年丢弃
1000万吨可食用食品。
［资料来源：法国环境及能源管
控署（ADEME）］

1200 万 ~ 2000 万欧元

每年食物浪费的成本为1200万~
2000万欧元（1欧元≈7.4元）。
（资料来源：ADEME 2015）

即

7 kg

其中7千克仍未拆封。
（资料来源：ADEME《别再浪费！》
以及Garrot报告）

32 kg

每人每年浪费32千克食物。
（资料来源：ADEME和
Garrot报告）

即

159 €

这意味着

每人每年浪费159欧元。
（资料来源：ADEME 2015
和Garrot报告第8页）

41

现状

当我们浪费数十亿吨粮食时，粮食生产的环境成本却在不断上升。杀虫剂泛滥、河流污染、昆虫消失、慢性病流行……这些都是我们现有消费模式带来的后果。

农业

一场打着"绿色"旗号的革命

第一次世界大战结束时，发现还剩余大量的有毒的化学工业品，但没有更多敌人要消灭了，他们在农业中找到了新出路。把杀虫剂、化肥、转基因种子和高能耗拖拉机结合起来，"绿色革命"就开始了。几十年后的今天，我们看到了悲剧性的后果。**在过去的30年里，欧洲80%的飞行昆虫因为杀虫剂而消失了。**

此外，由于杀虫剂渗入土壤和地下水，法国河流的污染极为普遍（92%的河流受到影响）。

孟山都的坏种子目录

大量的农田和地下水受到污染，该行业的企业通过控制合法作物来支配全世界的种子。只有列入《法国物种和多样性目录》（*Catalogue français des espèces et variétés*）的种子才允许农民合法种植，这大大限制了这种生物遗产的范围。**据联合国粮农组织估计，75%的可食用水果和蔬菜品种已经消失。**遗传侵蚀效应威胁着土地的恢复能力，并伴随着严重的营养损失。

所以，在2019年，你需要吃100个苹果才能摄入与1950年的1个苹果等量的维生素C。另一个例子是同一时期西蓝花的钙和铁含量减少了80%。幸运的是，一些协会正在努力维持所谓的"农民"种子，这些种子没有被列入那部著名的目录。

在法国，农业食品工业培育的种子大多是不能留种的，以迫使农民每年购买。这些不育种子有一个很有说服力的绰号——"终结者"种子。

零浪费信息

农业巨头孟山都被制药公司拜耳收购。这是一个强大的联盟，因为其中一个被指控导致各种慢性病，另一个生产治疗这些疾病的药物。

拜耳

孟山都

发现

蜜蜂，让他们恢复种群

在20世纪90年代，蜜蜂的死亡率是3%~5%，而现在是30%。这一现象被广泛地称为"蜂群崩溃综合征"。根据法国国家养蜂联盟（Unaf）副主席洛伊克·勒雷（Loïc Leray）的说法，到2018年，这一比例飙升至60%~90%。原因是气候失调、物种入侵（如亚洲黄蜂），但最重要的是"新烟碱类杀虫剂"，这些杀虫剂对我们这些守护生物多样性的"小伙伴"来说是致命的。然而，蜜蜂和其他传粉昆虫保证了世界上80%的植物物种以及75%以上的农作物的繁衍。

根据法国农业科学研究院（INRA）的数据，欧洲84%的物种繁衍直接依赖于传粉者，其中90%是蜜蜂。为支援打击新烟碱类药物及所有合成杀虫剂，你可以：

• 购买有机产品。

• 通过中国养蜂学会赞助一个蜂箱。

去哪里买？买什么？

为了改变我们的饮食习惯，让我们从寻找新的购物场所开始。

有机商店

他们只提供有机产品，不含化学添加剂。那里通常有品类丰富的散装商品柜台。

散装食品店

他们主要提供没有包装的产品——准备好你的环保袋和保鲜盒。

农夫市集

是的，社区里传统的市集也是一个不错的选择，它为生产者们提供了更高的报酬，提供了更直接的销售渠道，并重新定位了我们的消费场景。

⚠️ **请注意**，请仔细选择摊位。如果你看到进口苹果，它肯定不是当地的环保生产商。选择本地、当季和有机产品的生产商（而不是分销商）。

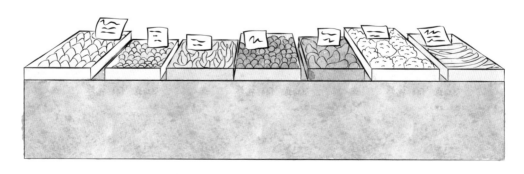

生产者

当然，如果你住在农村，最好、最直接的方式是从附近的农场买东西。通过这种方式，你可以很容易地看出这些产品的类型，判断是不是有机的、本地的。

农场采摘

一些农民可以提供去田地里采摘水果和蔬菜的机会。这也是一种重新发现它们的有趣方式，而且还保证新鲜和天然，通常更便宜。

你的花园

还有什么比你的花园更直接、更有机呢？每次收获自己的蔬菜水果，都是自给自足的一小步，是摆脱对工业和碳能源依赖的一种方式。不可忽视！

为什么要避开传统大型超市？

直接向农民采购可以促进当地生产者获得更公平的报酬，使他们能够靠自己的双手过上体面的生活。大型超市通常会对进货价格施压，以降低销售价格。大超市的"有机"产品往往忘记了"有机"标签的一个关键品质：公平的报酬，但低价给公平报酬带来了相当大的压力。然而，大型超市也通常会提供散装商品以及本地产品。

第46页整理了一些省钱办法！是的，你既可以吃到有机的本地产品，还可以省钱。

零浪费
提示

有机或散装的产品不一定是当地的或当季的。为了符合零浪费理念，在购买之前要仔细检查产品的来源。

必修课：

我的零浪费购物袋

它是零浪费市场的明星，显然也是你在这场冒险中最大的盟友。在你每年扔掉的垃圾里，包装和有机垃圾超过2/3。所以这里有很大的节约空间。只需稍加准备，你就可以轻松地将不可回收的垃圾量减至零。要做到这一点，你只需要带上你的零浪费购物袋，里面有：

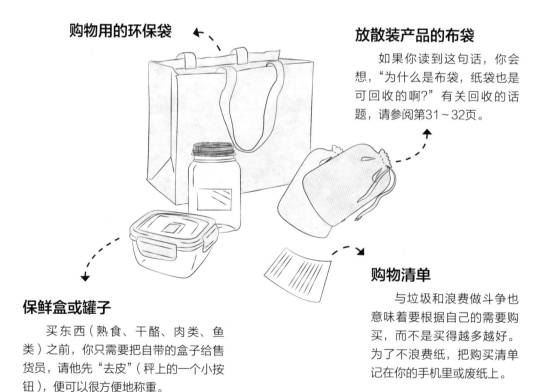

购物用的环保袋

放散装产品的布袋

如果你读到这句话，你会想，"为什么是布袋，纸袋也是可回收的啊?"有关回收的话题，请参阅第31~32页。

保鲜盒或罐子

买东西（熟食、干酪、肉类、鱼类）之前，你只需要把自带的盒子给售货员，请他先"去皮"（秤上的一个小按钮），便可以很方便地称重。

购物清单

与垃圾和浪费做斗争也意味着要根据自己的需要购买，而不是买得越多越好。为了不浪费纸，把购买清单记在你的手机里或废纸上。

零浪费妙招

随身携带1~2个小布袋和环保袋，用在冲动消费时，或者在你突然看见新鲜面包出炉又超想吃的那一刻。

"我们没有买到手的那部分也意味着浪费?"

零浪费信息

在传统产品中，大约5%的价格用于包装，35%用于市场营销。买散装产品则可以省下这些额外的成本。这是一个对你、对生产者以及对大自然（与有机产品相关的一切）都合理的价格。

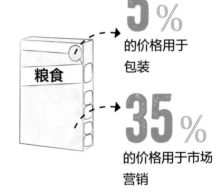

5%
的价格用于包装

35%
的价格用于市场营销

发现

店主可以拒绝我自带的包装吗？

这个问题很难回答，因为这种情况几乎还没有法律规定。然而，如果你的容器受到污染，店主可能会被追究责任。

所以，要避免一切被拒绝的可能性：
1. 一定要带干净、干燥的容器。
2. 礼貌地解释你的做法。
3. 要有耐心，并理解他人。
4. 选择认可你理念的商家。

可以考虑购买散装食品

只要你有可重复使用的容器，散装食品就是零浪费的基础，也是防止过度包装的最佳武器。虽然散装食品还不是在所有地方都能买到，但近年来，法国的散装食品店成倍增加。

各种各样的散装食品

可以肯定的是，商品供应在任何地方都是不一样的。一些商店只提供散装的基本食品（淀粉、谷物、坚果），而另一些商店则提供散装液体食品，甚至是居家清洁产品。

有些产品甚至从来没有或极少被散装供应，比如植物奶油，人造牛排、干酪等。

要优先选择可回收的容器：纸、厚纸盒、玻璃、金属瓶、硬塑料。请注意，并非所有的塑料都是可回收的：薄塑料壳、食品餐盒、微塑料和尺寸小于7厘米的塑料都是不可回收的。

选择纸盒还是玻璃

玻璃是100%可回收的，价值更高，但它很重，很快就会加大产品的"碳足迹"。纸箱的价值较低，也轻得多。在这种情况下，往往是价格决定了我们选择。

DIY

重复利用

自制散装食品袋

材料

- 一件儿童或婴儿T恤（在二手市场或折扣店很便宜）
- 缝纫剪刀

- 一根线和一根针，或者一台缝纫机
- 丝带或细绳

① 把T恤从袖子以下剪开。

② 把里子翻出来，将一边缝合。

③ 再把整个袋子翻过来。在袋子的开口部分，将边缘折叠1~2厘米，做出抽绳用的外圈。

④ 然后用剪刀的尖端在抽绳圈上打两个小洞，间隔不超过1厘米。不要把两层都打穿，只在一层开孔。

⑤ 用曲别针把丝带或漂亮的绳子穿进你刚刚做好的抽绳圈里。

⑥ 当你把它完全穿好后，把丝带（或绳子）的两端抽出来，并在两端打结，这样它就不会缩回抽绳圈里了。

⑦ 好了，袋子做好了。要合上它，你只需要抽紧绳子，再打个蝴蝶结！

带着散装食品袋去买水果、蔬菜、种子、谷物等都很实用。

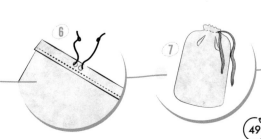

优先考虑采购哪些产品？

为了帮你选择合适的产品，这里提供了一些必要的知识。

鸡蛋还是母鸡？

在买鸡蛋之前，先看看蛋壳上的第一个数字（限欧盟国家，供参考）。

③ 母鸡被关在笼子里饲养，每个笼子的侧面积甚至比A4纸小。

② 母鸡是圈养的，从未离开过鸡舍。

① 母鸡是在户外饲养的。

⓪ 母鸡是在户外饲养的，用有机饲料喂养。

你知道吗？鸡蛋产业是肉类产业的支柱。**18个月大或不能继续生蛋的母鸡会被送到屠宰场**，而自然条件下的母鸡寿命是10年。你完全可以用一个更具伦理性的食谱来替代鸡蛋：1个香蕉+50克果泥+1大勺淀粉+水……

您也可以选择类似Poulehouse®的鸡蛋——不杀鸡的蛋。这家法国品牌从有机饲养者那里收集母鸡，以便把它们关在一个"安全的地方"，在那里它们继续按照自己的节奏下蛋，过着户外散养的生活，直到生命尽头。

咖啡

提倡
选择散装、有机和公平的。

不提倡
胶囊咖啡，既昂贵又危害环境。

水

提倡
自来水，过滤机，活性炭。

不提倡
瓶装水。**它比自来水贵300倍。**
生产1升瓶装水消耗的能源=100毫升石油，80克煤，42克天然气和2升水

铝箔/塑料保鲜膜

提倡
- 用保鲜盒、布碗盖代替
- 用传统的方法，加一点油和面粉就可以了！

不提倡
- 铝箔纸
- 塑料保鲜膜
- 烘焙纸

蜂蜜

提倡
市场上直接从养蜂人那里买的手工蜂蜜，甚至是当地的蜂蜜。当然，它会更贵。**因为一只蜜蜂一生只生产1克蜂蜜！**

不提倡
大超市里的低价蜂蜜经常是用糖或糖浆调制的。就我个人而言，并不想以蜂蜜的价格买糖！

 **发现**

胶囊咖啡

全世界每年有80亿个胶囊被丢弃，相当于4万吨垃圾，相当于4座埃菲尔铁塔。在法国，这个数字高达5亿。

一个胶囊的包装及其带来的垃圾是250克散装咖啡的10倍。

事实上，很少有胶囊被回收利用，正如我们在第31~32页看到的，回收远非解决方案！一点也不便宜。

一个胶囊的平均价格是0.04~0.07欧元，即每千克54~88欧元。这是散装咖啡的4~7倍。

零浪费解决方案
- 挑一个不错的老式意大利咖啡壶，以及咖啡过滤纸。过滤纸和咖啡渣可以用来堆肥。
- 为咖啡机购买可重复使用的胶囊。每次只需要在胶囊里装满散装咖啡，就可以像普通的胶囊一样使用了。咖啡渣可以堆肥，随后清洗胶囊，再装满。这样它们可以使用数百次。

更好地储存食物

由于食物浪费往往是由于产品保存不当造成的，这里有一些基本的规则来确保你购买的食品得到最好的保存。

购物归来

① 把干燥的食物放在干净、干燥的罐子里。

② 把水果和蔬菜从袋子里拿出来（尤其是塑料袋），但不要马上清洗。包裹着它们的

泥土或沙子保护着它们，有助于储存。

③ 尽快把新鲜的食物放进冰箱。

不用冰箱储存的食物

- 土豆：将土豆放在纸袋或报纸中，放入一个苹果以减缓土豆发芽。
- 洋葱、大蒜、小葱头：装在布袋或纸袋里放到干燥、阴凉的地方。
- 面包：为了保持新鲜，用微湿的毛巾包起来。

- 蜂蜜：常温储存。
- 油：常温储存（菜籽油开封后除外）。
- 巧克力：常温储存。
- 散装干货：谷物、意大利面、大米、面粉、糖……装在罐子里。

用水储存

- 葱、芹菜、小白菜、西蓝花：根茎放在有水的花瓶里。

- 新洋葱：根浸在水里。
- 黄瓜：切开后，将切口浸入少许水中。

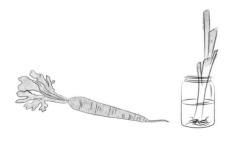

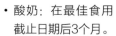

开盖后的碳酸饮料倒置放入冰箱。

你的沙拉蔫了吗？在冰水中浸泡10分钟，然后立即食用。

过了保质期但仍可食用*

- 酸奶：在最佳食用截止日期后3个月。
- 奶酪：最佳食用截止日期后最多2周。
- 牛奶：（如未开封，且存放在干燥阴凉处）最佳食用截止日期后最多2个月。
- 巧克力：最佳食用

截止日期后2年。

- 罐头：最佳食用截止日期后多年。
- 冷冻：最佳食用截止日期后多年。
- 干货：同上。
- 香料：没有保存期限，但味道会变差。

截止食用日期与最佳食用截止日期（保质期）

截止食用日期（DLC）：

超过此日期，产品可能会对健康造成危害。

最佳食用截止日期（DLUO）：

在此日期之后，营养质量不再得到保证。食物可能不太好吃，维生素含量也不高，但并不危险。

DIY

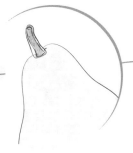

用封蜡保存梨

只要采摘后尽快操作，这种方法可以让梨保存几个星期，甚至几个月。

① 把一汤匙蜡（豆蜡或有机蜂蜡）放在一个小容器里。

② 把容器放在热水中，使蜡融化。

③ 拿着梨把，把它浸入蜡中（小心处理，它

们很脆弱）。

④ 将它们在户外晾干。

⑤ 把它们放在阴凉处的小筐里。

---

*：如果食物过了保质期发现有明显的霉变或异味，一定要丢弃，不能再食用——编辑注。

餐饮素食化

如今，**每年约有660亿只陆生动物因食用被宰杀**，这个数字比2003年增加了26%，是1970年的2倍。除了造成的痛苦，所有这些行为都带来污染。**2014年，仅畜牧业就造成了全球15.5%的二氧化碳排放**。这比包括飞机和集装箱在内的运输（约占二氧化碳排放量的15%）还要多。这还不是全部……

减少肉类消费

为了保护我们的水资源

生产100克牛排需要1500升的水（灌溉谷物用水、生产饲料用水和动物饮水）以及10~25千克的食物，更不用说排泄物造成的大量水污染了。

为了更好地养活人类

7.6亿吨谷物被喂给了家畜，这个数字应该可以解决世界粮食短缺问题14次以上。一头牛可以提供1500顿饭，而它消耗的资源可以提供1.8万顿饭。

为了我们的健康

在法国，只有5%的食用牛是在户外饲养的。集约化养殖是细菌的天堂，作为一种预防措施，动物体内也充满了抗生素。这些抗生素最终会出现在我们的餐桌上。结果，法国每年约有12500人死于抗生素耐药性。

为了与森林砍伐做斗争

世界上只有4%的大豆被人类食用，其余的（96%）被用来喂养家畜。而这些作物的耕地占亚马孙森林砍伐的91%。

零浪费提示

肉类隐藏在我们不易察觉的地方……非营利机构Food Watch指出，昆虫、猪肉以及牛肉在一些商品中存在，比如酸奶（牛明胶），明胶软糖（猪明胶）、冰淇淋（虫胶）和汽水（胭脂虫研磨后提取的色素）。如果你想减少动物产品的消费，以减少对环境的影响，那就做出正确的选择吧！

"素食主义一次性就能解决众多问题：环境、饥饿和虐待动物。"

——保罗·麦卡特尼（Paul McCartney，甲壳虫乐队成员）

一个营养丰富而平衡的蔬菜餐盘是……

1/4 谷物或广义谷物
（小米、燕麦、荞麦、藜麦……）

1/4 豆类（鹰嘴豆、豌豆、扁豆、红豆/黄豆/白豆、菜豆、蚕豆、大豆……）

1/2 蔬菜/生菜（南瓜、西蓝花、西葫芦、洋葱、卷心菜、蘑菇……）

这种组合提供了所谓的"完整"蛋白质，一种健康的替代肉类的方法。加入种子（亚麻、向日葵……）、坚果（杏仁、核桃、榛子……）、调味料（欧芹、小葱、龙蒿、罗勒、鼠尾草……）、香料（姜黄、咖喱、红辣椒、藏红花……）、含有 ω-3不饱和脂肪酸的油（亚麻油、橄榄油、菜籽油……），再加点水果！

零浪费信息
牛打嗝和放屁都会排出甲烷，这种气体的污染是二氧化碳的25倍。

零浪费提示
注意：维生素B_{12}在蔬菜食品中不是天然存在的。如果你决定尝试素食或成为纯素食主义者，别忘了补充一些。

合理选择

限制消费动物性产品（肉类、鱼类、乳制品、鸡蛋等）是气候保护和资源保护的一部分。这是大幅度减少其对水足迹和碳足迹的影响的最安全的方法。前提是，为平衡饮食而选择的食物是在合理利用资源的情况下种植的，而不是来自世界的另一端。让我们不要用在印度种植的过度施肥的藜麦或智利的红豆来代替牛排！

这样买有机食品才划算

我们已经习惯了以价格为考量因素，但没有考虑到对地球造成破坏的成本，也没有考虑到劳动力的实际成本，所以购买有机食品有时会相对昂贵。这里有六条建议可以让你既省钱又能享用有机食品。

你的消费，你来改变

让我们明确一点：你无法在有机商店里与在传统超市以同样的价格购物。如果过度消费加工食品，即使是"有机"食品，也不是最有益的。为了以零浪费的标准采购有机食品，而不花太多的钱，你需要重新学习如何购买未经加工的非工业产品：水果、蔬菜和豆类。这就引出了我的第二个建议。

你得学会做饭

有机食品中，真正昂贵的是加工产品，以及即食食品。因此，离开充斥着添加剂、增味剂和其他化学调味品等的大型超市，回到你的家。有无数可以在30分钟内就做好的菜等你烹饪，是时候重新开始了。

零浪费妙招

你知道批量烹饪吗？这个概念是说一次做好大量的食物，然后按一周的晚餐量分成几份，吃的时候加热就可以了。虽然周末你要花两个小时在厨房做饭，但可以批量烹饪出一周的所有食物。

选择本地时令产品

别再在3月买葡萄牙的西红柿了！顺便说一下，有机食品很好，但是如果它翻山越岭才来到我们这里，而且还是在温室里种植的，那就很难有生态优势了。一般来说，在冬季结束时在有机商店出售的西红柿的价格是8.50欧元/千克，因为你必须支付在温室里栽培的巨大能源成本或远距离运输的成本。

另一方面，如果你购买当地和季节性的水果和蔬菜，价格会更合理。它们有着双重优势，因为除了节省费用外，它们还教会我们尊重自然和季节规律。虽然你一年只能吃6个月的南瓜和3个月的西红柿，但这是值得的，因为顺应自然规律的产品的营养价值和味道要好得多。

浪费，你会戒掉的

是的，还有什么比停止浪费更能省钱的呢？**在法国，每人每年的食物浪费约为159欧元。**购买散装商品、做好准备、提前计划……尽一切努力减少浪费。参见第58页了解5个零浪费烹饪技巧！

你会习惯多吃蔬菜的生活

蔬菜类食品对环境和我们的健康有很多好处，同时也更便宜。为了说服你，让我们来对比一千克有机扁豆和一千克有机牛肉的价格。

短链物流，实现自给自足

产品流通的中间环节越多，价格就越贵，因为每个环节都要收取费用。因此，为了省钱，你应该选择更直接的购买渠道：生产商直营店或市集，选择本地食品的摊

位。除了省钱，这些直接购买渠道还可以让我们与生产者重新建立联系，支持可持续农业。最重要的是，这样农民可以得到更合适的报酬！

5个零浪费烹饪技巧

根据法国民间救援组织（Secours populaire）的数据，1/5的法国人吃不饱。然而2015年，法国浪费掉了160亿欧元。

为了与这种荒谬现象抗争，这里有5个关于零浪费烹饪的技巧。

提前计划每一餐

预先写好菜单，你就会只买那些必需品，从而减少浪费。根据你冰箱里的东西来安排每一餐，就可以避免毫无目的地在商场闲逛，你的银行账户会感谢你的。我保证这还会省很多时间。

拒绝"外貌协会"

太小、太大、有点丑或样子奇怪，我们的水果和蔬菜没有出格的权利。它们必须遵守特定的标准，否则就注定要被可悲地抛弃……这种做法在世界各地都很普遍。例如，厄瓜多尔每年浪费14.6万吨香蕉，是埃菲尔铁塔重量的15倍。

为了对抗这种浪费，可以在市场上选择那些"丑食"，此外它们有时会非常便宜。

Touski 烹饪法

换句话说，就是烩剩菜！汤、馅饼、蛋饼、土豆泥……只要有创造力，总有一种方法可以把煮过的胡萝卜或剩大葱炒在一起（要注意剩菜不能在冰箱放太久，最多为隔夜放置）。

选择零浪费2.0

法国有OptiMiam、Too Good To Go、Graapz等类似的APP可以让商家以较低的价格出售当天未售出的商品，以避免这些商品被扔进垃圾箱。非常适合囊中羞涩或不想浪费的人。

什么都别扔

葱叶、萝卜缨、外皮……不要把它们扔进垃圾桶，它们仍然可以吃。事实上，它们往往是我们蔬菜中最有营养的部分！它们可用来煮蔬菜汤（59页食谱）。

零浪费蔬菜清汤

配料

- 500克有机蔬菜残余（洋葱、大蒜、蔬菜皮、萝卜缨、吃剩的沙拉、西蓝花梗）
- 1~2粒大蒜
- 盐和胡椒

- 普罗旺斯香草、迷迭香、月桂、百里香、欧芹……
- 香料（可选）
- 橄榄油

零浪费提示

如果你的蔬菜不是有机的，一定要用小苏打水清洗，以尽可能多地去除化学物质。

准备

1. 加热两汤匙橄榄油，放入蒜泥。
2. 加入所有的蔬菜残余，翻炒2分钟。
3. 用盐、胡椒、香草和香料调味。倒水，文火煮约1小时。

4. 用漏勺滤出汤汁，剩下菜渣堆肥。
5. 把汤倒进密封的容器里。尽快食用（2~3天内）或倒进冰格冷冻。

这种清汤可以用来给蔬菜、汤和酱汁调味。

零浪费妙招

眼大肚子小吗？你要去度假吗？直接把吃不了的东西送给你的邻居。既处好了邻里关系，又不造成浪费。

必修课:

我的零浪费厨房

发现既能避免浪费,又能让生活更轻松的烹饪工具。

零浪费信息

不锈钢不易生锈,并且健康、坚固、易于清洁,生产过程也相对环保。木材也是一种健康和可持续的材料。这些都是可持续的零浪费厨房材料。

零浪费妙招

没有沙拉脱水机吗?你可以先把做沙拉用的菜洗净,然后用干净的布擦干。这样你就不用买塑料的沙拉脱水机了。

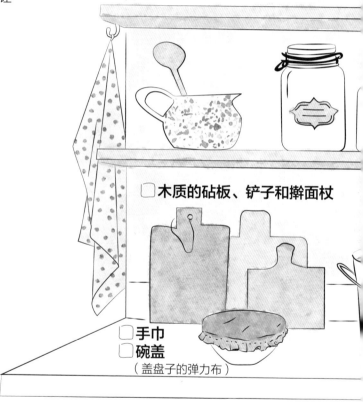

- ☐ 可水洗的厨房清洁布
- ☐ 带饭用的不锈钢餐盒
- ☐ 散装食品密封罐

☐ 木质的砧板、铲子和擀面杖

- ☐ 手巾
- ☐ 碗盖
  (盖盘子的弹力布)

☐ 堆肥垃圾桶
(在堆肥或蚯蚓堆肥前存放有机垃圾)

☐ **玻璃盒**

☐ **玻璃料理机**　☐ **活性炭滤水壶**

没有什么比自来水更零浪费了*。如果你对水的质量有疑问，那就选择过滤机或活性炭吧！

☐ **油瓶和醋瓶**

（去散装食品商店时使用）

☐ **铸铁或玻璃制的托盘**

零浪费技巧

忘掉烘焙用的硫酸纸吧，回归这种久经考验的方法：在盘子底部涂上一层油和面粉，很简单。

☐ **手编清洁球**　☐ **不锈钢厨房用具**

☐ **马赛皂**

（擦子、汤勺、打蛋器、削皮器、刀子、筛子等）

☐ **木刷**

☐ **在你的零浪费厨房里，避免……**

塑料（包括密封盒）、硅胶、特氟龙、带有防粘涂层的托盘板。这些材料都是有争议的，并且往往有害健康。

---

*：虽然法国自来水达到饮用级别，但法国家庭通常购买大包装的瓶装水，在此作者鼓励大家饮用自来水

——译者注。

应季食谱

正如我们所看到的，零浪费烹饪是使用有机的、未加工的、应季的食材。这里有一些水果和蔬菜的例子，每个季节都可以按照零浪费理念来准备。

冬季：猕猴桃

猕猴桃和香蕉思慕雪（带果肉和果皮）

2杯量

准备：15分钟

烹饪：5分钟

- 1只猕猴桃 + 6只猕猴桃皮
- 1根香蕉
- 1份传统酸奶**或植物酸奶，50毫升植物奶**
- 20克去壳榛子
- 50克红糖（2勺）

① 把榛子捣碎与两汤匙糖混合，在炉子里烤几分钟。

② 把它们放在瓷碗上冷却。

③ 将切成两半的猕猴桃和其他6个猕猴桃的皮放入料理机。加入香蕉、酸奶或牛奶、50克糖搅拌。

④ 装在玻璃杯里，撒上焦糖榛子屑。

糖渍猕猴桃皮（带皮）

1袋量

准备：10分钟

烹饪：15分钟+4小时

- 6只猕猴桃的皮
- 120克糖
- 1个绿柠檬，榨汁
- 1小勺姜黄粉

① 把猕猴桃的皮切成条状。

② 把糖放入一杯水中加热5分钟，制作糖浆。

③ 将猕猴桃皮放入糖浆中，加入姜黄粉和柠檬汁，用小火煮10分钟。

④ 将皮捞出后，放在烤箱里70℃烘烤4小时（烤箱调至2～3挡）。

小建议

等猕猴桃皮完全干燥，你就可以把它们放在罐子里几个月，在喝茶或吃白干酪的时候享用。

春天：芦笋

香米炒芦笋茎（含纤维）

4人份

准备：10分钟

烹饪：25~30分钟

- 一捆青芦笋茎
- 3个新鲜的带皮洋葱
- 250克大米
- 700毫升蔬菜清汤（第59页）
- 70克烤花生
- 200毫升椰奶
- 4大勺橄榄油
- 1小勺咖喱
- 1大勺沙嗲酱
- 香菜叶少许
- 盐和胡椒

1. 芦笋削皮，然后切成小圆块，蒸10分钟。
2. 将橄榄油在大锅里加热，加入大米、洋葱、芦笋段、盐、胡椒和咖喱，翻炒5分钟。然后倒入蔬菜清汤，煮10分钟，不要搅拌。继续煮5分钟，当汤被吸收后，加入花生碎。将米翻炒几分钟。
3. 把椰奶和沙嗲酱一起加热，撒上盐和胡椒。
4. 米饭佐以酱汁，再撒上香菜即可。

小建议

　　避免用刀去除纤维部分。用手掰，它们会在纤维和芦笋果肉的节点自然断裂。

绿芦笋尖配酱汁

4人份

准备：15分钟

烹饪：10分钟

- 2捆绿芦笋
- 2个鸡蛋或植物蛋白，1小勺小苏打+1小勺苹果醋或柠檬醋+60毫升植物奶（可选）
- 25毫升葵花籽油
- 1大勺传统芥末酱
- 1大勺粗盐
- 一些龙蒿叶
- 盐和胡椒

1. 用蔬菜削皮器给芦笋去皮，用手把纤维部分掰断。芦笋和芦笋皮留作后用（芦笋皮可作蔬菜清汤）。
2. 在大平底锅里将水煮开，加入粗盐，然后把芦笋尖放入水中煮10分钟，随后用厨房手帕拧干。
3. 把鸡蛋的蛋清和蛋黄分开。用芥末酱、盐和胡椒与蛋黄一起在沙拉碗里搅拌。搅拌蛋黄酱的同时，一点一点地加入油。
4. 把蛋清打发，轻轻加入蛋黄酱。
5. 煮熟的芦笋蘸蛋黄酱和龙蒿碎食用。

孜然胡萝卜（带皮）

4人份

准备：5分钟

烹饪：20分钟

- 几根胡萝卜
- 70克黄油或70克中性植物油（葵花籽油、菜籽油等）
- 2大勺红糖
- 柠檬汁和半个柠檬皮

- 1小勺孜然粉
- 盐和胡椒

① 把胡萝卜削皮，切成圆块。胡萝卜皮留作后用（可做蔬菜清汤），萝卜缨切掉。

② 把胡萝卜块与黄油或植物油、糖、孜然粉、盐、胡椒、柠檬汁和柠檬皮一起放进锅里。加水，盖上盖子，用小火煮20分钟收汤。注意观察水位，以免胡萝卜粘锅。

③ 配肉类热菜或做凉菜配沙拉。

胡萝卜皮脆片（带皮）

1碗量

准备：10分钟

烹饪：20分钟

- 一些胡萝卜皮
- 一些芹菜叶
- 一些香菜叶
- 1小勺大蒜粉

- 油炸用油
- 1大勺盐，胡椒

① 洗净，然后用吸水巾把胡萝卜皮擦干净。

② 把盐、胡椒、芹菜、香菜叶和大蒜粉放在烤盘上。160℃（5~6挡）烘烤15分钟。

③ 烘烤后拌匀，作调味盐。

④ 加热油，将胡萝卜皮放入锅中煎3分钟。随后用吸水纸吸干油，撒上调味盐即可。

别扔！还能用！

- 如果蛋糕变干了，或者饼干变软了，可以用它们来做面包屑。

- 干面包可以变成布丁、法式吐司、沙拉用的面包碎或面包屑。牛奶皮可以部分替代馅饼中的黄油。

- 所有的果酱都可以用来装饰水果馅饼，或者在蛋糕或酸奶中调味。它们含有可能不易保存的成分，但如果尽快吃掉就没关系了。

- 洋葱或草本植物的茎和叶如果枯萎了，可以用来制作有香气的干花。

- 干洋葱皮可以磨成粉末，用于给汤提鲜或用来制作其他调味料。

秋天：梨

姜汁梨水（含梨汁、梨皮）

1碗量

准备：5分钟

◇◇◇◇◇◇◇◇◇◇◇◇◇◇◇◇◇◇◇◇

• 6~8个梨的果皮（食用时新鲜保存）
• 1块1厘米左右的生姜
• 半个柠檬，榨汁

① 将果皮与生姜和柠檬汁一起放入料理机。

② 尽快喝掉。

香草秋梨膏（带果肉）

4人份

准备：10分钟

烹饪：35分钟

◇◇◇◇◇◇◇◇◇◇◇◇◇◇◇◇◇◇◇◇

• 8个梨
• 150克糖
• 1个柠檬，榨汁
• 1小袋香草糖
• 2个香草荚

• 3粒黑胡椒
• 2棵柠檬草

① 梨削皮，切成4块，去掉梨核，浇上柠檬汁。梨皮与梨核留作后用（梨核可做堆肥）。

② 将糖放入平底锅中融化，加入1.5升水、剖开的香草荚、胡椒和柠檬草末。

③ 煮沸，加入梨，小火煮15分钟。

④ 把梨放在糖浆里冷却，然后沥干。在明火上收汁15分钟，然后过滤。

⑤ 梨佐以少量糖浆即可食用。

请勿食用

　　不是所有的东西都好吃。有些植物包含有毒的部分，有些则没什么好的烹饪方法。比如以下这些。

• 大黄叶
• 杏仁、桃子、樱桃的核……
• 洋蓟的硬叶子
• 未煮熟的马铃薯皮

• 香蕉皮
• 部分水果的果皮，如山竹、毛荔枝、荔枝、西番莲、芒果、莎朗（柿子品种）等

• 牛油果的皮和核
• 核桃和栗子壳
• 坚果壳
• 胡萝卜的叶子和梗

堆肥

堆肥是处理有机垃圾的理想方法，可以给土壤提供养分。简单而有益，这是零浪费生活的重要组成部分。

回馈大地

花园堆肥箱

为你的花园买或做一个堆肥箱。定期把你的有机垃圾放进去，剩下的就交给微生物吧。

如果你没有花园，那就和我们的蚯蚓朋友一起堆肥吧！

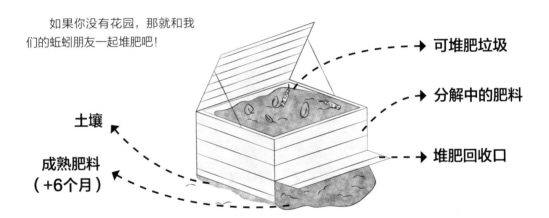

可堆肥垃圾

分解中的肥料

堆肥回收口

土壤

成熟肥料
（+6个月）

做最棒的堆肥箱

- 每月至少用叉子翻1~2次。
- 1/3干肥料（干叶子、纸箱……）配2/3湿肥料（果蔬皮……）。
- 你等待的时间越长（首次使用前至少6个月），堆肥的质量就越好。
- 如果有怪味，那就不正常了，可能是湿度太大了！加入干肥料和/或打开盖子让空气循环起来。
- 用途：堆肥产生的天然肥料称为"腐殖质"，它是一种强大的肥料。一定要把三份土壤和一份腐殖质混合起来，喂饱你的植物和菜园。

零浪费妙招

在没有堆肥箱的情况下，你可以简单地把你的有机垃圾放在花园的一个角落里，然后定期翻动，这样也很好。

忠告

如果你没有花园，那就和我们的蚯蚓朋友一起堆肥吧！

- 蚯蚓很脆弱，对温度变化也很敏感，请将你的蚯蚓堆肥箱放在温度稳定（5~25℃内）的地方。
- 如果你把它放在外面，其他"小客人"肯定会加入，别担心，这很正常。
- 蚯蚓可以在没有额外食物的情况下存活3~4周，你可以安心地去度假。
- 保持干、湿垃圾的平衡。
- 蚯蚓讨厌阳光直射，请把蚯蚓堆肥箱放在避光处。
- 在放入有机垃圾之前，请将其切成小块（约2厘米）。块越小，蚯蚓就能吃得越快。

肥料的用途

蚯蚓堆肥箱产出的天然肥料称为"蚯蚓粪肥"。这是一种非常强效的肥料，不能直接施用在植物上。将一份蚯蚓粪肥稀释到10倍的水中，然后倒入植物中。耐心点，你可能需要几个月才能得到第一批蚯蚓粪肥。有关自制蚯蚓堆肥箱的内容，参阅第69页。

厨房堆肥箱

它是一个小的垃圾箱，可以在没有蚯蚓的情况下回收有机垃圾，并通过"堆肥发酵剂"中的微生物制成肥力非常强的肥料。可以在网上买到堆肥剂。

其他堆肥方法

- 将你的有机垃圾送到你所在城市、住宅楼或社区的集体堆肥箱中。
- 如果你没有办法自己堆肥，可以建议你所在的小区物业在院子里放一个堆肥箱。

可以把什么放进
堆肥箱里？

为了优化堆肥的质量，并且避免一些小问题，特别是难闻的气味，请遵守以下法则。

厨余垃圾

大量

- 果皮和剩余蔬菜
- 咖啡渣、滤纸
- 茶包（不含订书钉）、茶水、散装茶叶
- 碎蛋壳
- 面包屑

适量

（切成小小块）

- 大蒜、洋葱
- 意大利面、大米、马铃薯残余
- 橘子皮

不宜

- 动物产品
- 油
- 贝类、海鲜壳
- 大的果核

大量

- 草屑
- 枯叶
- 修剪下的叶
- 小树枝
- 枯萎的花朵

花园垃圾

不宜

- 大树枝
- 沙子、碎石

大量

- 稻草、干草、树皮（粉碎）
- 纸巾
- 厨房纸（无毒）
- 厕纸芯和厨房纸芯
- 木炭灰和木屑
- 报纸

非食物垃圾

不宜

- 煤灰
- 粪便、猫砂
- 印刷品、相片纸、织物
- 无机垃圾（塑料、金属等）

DIY

自制蚯蚓堆肥箱

工具

- 2或3个可堆叠的塑料盒子或2个旧油漆罐
- 1台打孔机（可以找邻居或专业人员借用）
- 1个阀门（用于接水）

① 在盒子（没有盖子）正面低处挖一个尽可能低的洞来固定阀门。

② 将另一个塑料盒子放在第一个上面，在底部用打孔机钻一些小洞。它们能使蚯蚓粪肥流入下层容器。

③ 盖上盖子，在上面钻几个洞，以保持堆肥箱里空气流通。

④ 当一层的箱子满了，就再加一个箱子，底部同样打孔，让蚯蚓粪肥可以从一个箱子流到另一个箱子。

⑤ 为了方便地得到蚯蚓粪肥，可以给堆肥箱装上腿，或者把它放在支架上。

开始堆肥

- 你可以在网上购买蚯蚓或者二手蚯蚓。
- 将蚯蚓放在上面的容器中，用一小层报纸覆盖。
- 每天将垃圾切成小块，移开报纸，喂给蚯蚓。

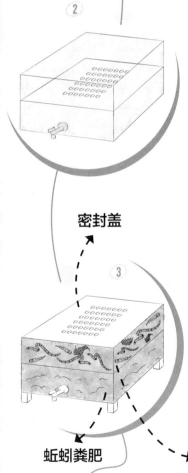

密封盖

蚯蚓粪肥

有机垃圾+蚯蚓

零浪费
行动表

你的食物零浪费计划进展如何？勾选你已经做过的所有事情，你就会知道你是蜂鸟（新手）、学徒（进阶）还是零浪费英雄（经验丰富）。

一级——蜂鸟	✕
我用环保袋买散装水果和蔬菜。	
我选择时令蔬菜。	
我减少肉类和鱼的消费：我是一个弹性素食者。	
我经常购买有机产品。	
我带保鲜盒购物，请售货员给我买的东西现切称重。	
我用可水洗的厨房清洁布。	
我正在学习做饭。	
我做"touski"（烩剩饭）：把剩饭剩菜也吃光。	
我使用保鲜盒和/或碗盖来更好地保存剩菜。	
我喝自来水（用滤水壶过滤）。	
我买很多公平交易的散装咖啡和茶。	

二级——学徒

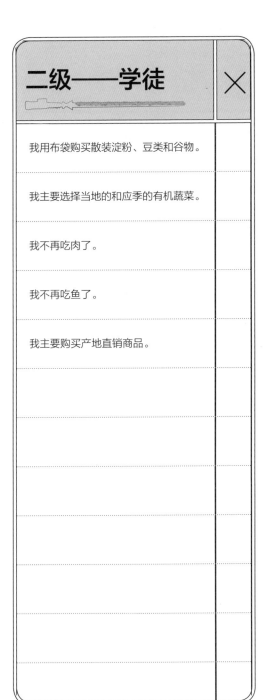

	×
我用布袋购买散装淀粉、豆类和谷物。	
我主要选择当地的和应季的有机蔬菜。	
我不再吃肉了。	
我不再吃鱼了。	
我主要购买产地直销商品。	

三级——零浪费英雄

	×
我的饮食主要是素食。	
我给我周围的人提供环保袋，鼓励他们购买散装食品。	
我非常严格地限制我对动物产品的消费。	
我去农场采摘。	
我不再在超市购物了。	
我不再买硅胶、特氟龙或防粘涂层产品。我选择木质或不锈钢的厨房用具。	
我经常做饭。	
我利用蔬果皮做饭。	

个人洗护

现状

◇◇◇◇◇◇◇◇◇◇

洗护用品

> 1500 亿

环境激素（内分泌干扰素）给欧洲带来的经济负担，每年超过1500亿欧元。

1.23 %

这相当于欧洲GDP的1.23%。为什么？

环境激素导致辅助生殖及治疗注意力障碍、多动症等的费用激增。

[资料来源：CNRS（法国国家科学研究院），下同]

2 190

在法国，每名女性平均每年使用2190片化妆棉。

200 亿

法国每年丢弃200亿张纸巾。

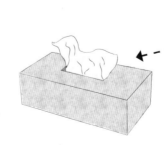

40% 至少

1

40%的化妆品至少含有1种内分泌干扰素。

120万吨

法国每年使用和丢弃120万吨棉签。

好消息!

2020

2020年，由于塑料棉签使海洋受到大规模污染，法国禁止使用。

450亿

全世界每年有450亿片卫生巾被扔掉。

即

351000 吨垃圾

这相当于351000吨垃圾。

2100万欧元

其处理费用为2100万欧元。

75

现状

◇◇◇◇◇◇◇◇◇◇◇◇

化妆品

化妆品与我们如何看待自己有关，它通过营销创造的需求，刺激人们做超出自然护理以外的事情。法国每户家庭每年花费3000欧元来塑造、改变、维护和改善外表。

服装仍然是最重要的日常支出项目，但人们花在化妆上的时间更多：法国女性平均每周花费超过3个小时的时间化妆。

化妆品和卫生用品远非无害，它们会透过皮肤，威胁我们的健康。

⚠ 警告：环境激素（内分泌干扰素）

◇◇◇◇◇◇◇◇◇◇◇◇◇◇◇◇◇◇◇◇◇◇◇◇◇◇◇◇◇◇◇◇◇◇

这些化学物质看起来非常像激素，同时破坏了激素系统负责的许多基本生物行为：生长、发育、维持体温、新陈代谢、饥饿感、饱腹感、性冲动……它们可以降低生育能力，导致肥胖，引发早熟，降低智商，引起注意力障碍……它们存在于许多日常用品中：化妆品、染发剂，还有衣服、油漆、肉类、家具等。

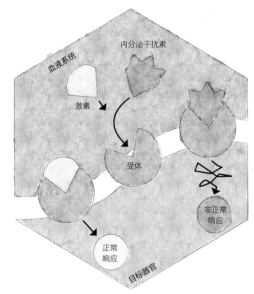

远离

别让你的化妆品里含有这些！

· 苯

· BHA（丁基羟基茴香醚）：常用于化妆品和个人护理产品（防腐剂）

· 双酚A

· 壬基酚（NP）：用于清洁剂、剃须泡沫、美发产品等

· 对羟基苯甲酸酯（防腐剂）

· 苯氧乙醇：经常出现在婴儿纸巾中（PE防腐剂）

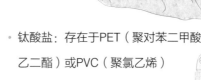

· 钛酸盐：存在于PET（聚对苯二甲酸乙二酯）或PVC（聚氯乙烯）塑料包装中

· 硅酮（环五聚二甲基硅氧烷、二甲硅油、硅氧烷、甲基硅油）：用于洗发水、面霜、除臭剂

· 月桂基硫酸钠（发泡剂）

· 三氯生（二氯苯氧氯酚）：尤其是牙膏中（广谱抗菌剂）

鸡尾酒效应*：

　　最重要的是，要避免内分泌干扰素与你的皮肤持续接触，它们相互作用而带来"鸡尾酒效应"甚至更危险。

零浪费妙招

———————

*：鸡尾酒效应：几种化学物质混合后，毒性加剧——译者注。

必修课：

我的零浪费浴室

马上把你的浴室垃圾桶给我。上过这堂必修课，你就不再需要它了。

☐ 剃须套装

安全剃须刀+剃须刷+马赛皂或剃须皂。用打湿的剃须刷和肥皂就能产生丰富泡沫，你只需要轻轻地刮就行了。

☐ 芦荟凝胶

80~81页介绍了其用途和自制方法

☐ 自制润唇膏

配方见第83页

☐ 家用除味剂

配方见第82页

☐ 可重复使用的卸妆巾

据报道，法国女性平均每人每年使用超过2000张卸妆棉。而零浪费卸妆巾在几年内都可以重复使用，最终还可以作为纺织品被回收。

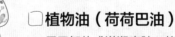

☐ 植物油（荷荷巴油）

用于卸妆或滋润皮肤。使用植物油后，为了最大限度地使皮肤保湿，请再涂一些芦荟凝胶。

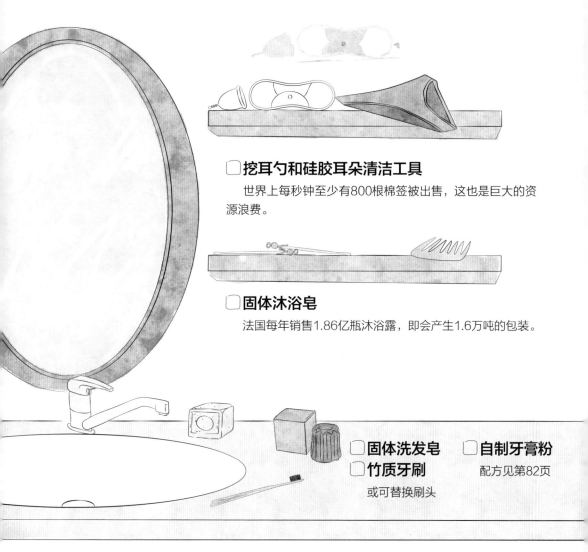

☐ **月经杯、可重复使用的卫生巾以及月经裤**
女性一生中使用的月经产品有1万至1.5万件。

☐ **挖耳勺和硅胶耳朵清洁工具**
　世界上每秒钟至少有800根棉签被出售，这也是巨大的资源浪费。

☐ **固体沐浴皂**
法国每年销售1.86亿瓶沐浴露，即会产生1.6万吨的包装。

☐ **固体洗发皂**　☐ **自制牙膏粉**
☐ **竹质牙刷**　　　配方见第82页
　或可替换刷头

芦荟凝胶好处多

芦荟凝胶能全方位护肤，是一种卓越的多功能产品。

面霜

芦荟的保湿能力非常好。它也适用于成熟肌肤，因为这是一种天然的抗皱剂：有拉伸效果。

腋窝、腿、胡须

芦荟凝胶是一种很好的剃须后护理剂，可以很好地修复小伤口。

眼周

芦荟凝胶清新、紧致，非常适合眼周。把它放在冰箱里可以收到更好的效果。

皲裂

你的嘴唇干了吗？一滴芦荟凝胶就足以使它们滋润起来。

身体乳、手霜、护脚霜

芦荟凝胶的保湿能力使它在非常干燥的地区也管用。我们为什么喜欢它？因为它不油腻，易于推开且迅速吸收，只要用一点就可以。

护发

把芦荟凝胶涂在润湿的头发上，让头发深层保湿，免冲洗。

发胶

在干燥的头发上，芦荟凝胶可以帮助保持头发的卷曲度，给头发定型。

晒伤及烧伤后护理

芦荟凝胶是一种超棒的晒后舒缓修复凝胶。我甚至认为芦荟凝胶对晒伤和烧伤是最有效的，太令人印象深刻了。

昆虫叮咬和瘙痒

在你的伤口上涂上一点芦荟凝胶，就不会痒了。你也可以把它和1～2滴薰衣草精油混合在一起，效果更好，对于烧伤和晒伤也是一样。

疤痕

芦荟凝胶有帮助伤口愈合的能力，它可以愈合伤口而不留下任何疤痕，甚至可以消除旧的疤痕（平均2年内）。

零浪费妙招

如果你去买现成的芦荟凝胶，一定要选择使用可回收包装并且纯度为98%或99%的有机产品，避免购买芦荟粉或浓缩物。考虑到它将替换许多浴室里的东西，你可以买个大包装的，因为这样单价更低，也更节约包装。

DIY

自制芦荟凝胶

材料
- 1 片芦荟叶
- 1 张案板
- 1 把刀或勺子
- 1 个玻璃杯

① 请洗手并仔细清洁工具。

② 从一株芦荟上取下最外层的叶子，它们通常更成熟更饱满。用干净的刀，将芦荟叶从靠近根部的位置利落地切下来。

③ 将叶子垂直放置在玻璃杯中，让汁液至少沥干10分钟。这种深黄色的液体可能会对皮肤引起轻微的刺激，最好不要留在凝胶中。

④ 然后把芦荟叶从中间切成两个长条。

⑤ 用大勺子把凝胶从中挖出，放在干净的玻璃杯里。

⑥ 在冰箱里可保存一两个星期。如果你想保存1~2个月，可以在60毫升芦荟中加入500毫克维生素C粉。

零浪费妙招

芦荟不能保存太久，所以不要一次买太多，或者就把多余的给你的朋友。你也可以在有机商店买到芦荟叶。如果你的芦荟还很嫩，不要过早修剪，在两次修剪之间要有耐心。

DIY

自制零浪费清洁产品配方

以下是六种产品的配方，对健康至关重要。它们很容易制作，要求也不高，而且还能节省很多钱。

除味剂

- 2小勺椰子油（保湿、抗菌）
- 1小勺小苏打（天然除味剂）
- 3滴棕榈油
- 1小勺玉米淀粉（或木薯粉）

把所有的原料混合在一起，避光储存3个月。

用法

取一小块，抹在腋下。

技巧

棕榈油本身就是一种天然的除臭剂。在腋下滴一滴，一天都没问题了。此外，小苏打也可以单独使用。

牙膏粉

- 1小勺白色黏土
- 3大勺碳酸钙
- 3~5滴精油

在一个小的密封玻璃瓶里，把它们混合在一起。准备好后保存3个月。

⚠ 小心

在制作零浪费产品时，千万不要加入超过1%的精油（100g化妆品加1g精油，约20滴）。

用法

在湿牙刷上撒上一些粉末，用作日常的牙膏。这种牙膏不会起泡沫，这很正常，但它能很好地清洁牙齿，不用担心。避免使用含碳酸氢盐的牙膏（每周不超过一次）：频繁使用会损坏牙釉质。

每周去角质

- 1小勺咖啡渣
- 1小勺植物油

将1小勺咖啡渣与1小勺植物油混合即可。

用法

用这种混合物轻轻地揉脸2分钟。再用冷水冲洗。你的皮肤会光滑又滋润。

润唇膏

- 有机蜡（豆蜡或蜂蜡）
- 植物油（榛子油、荷荷巴油、椰子油……）

将1汤匙蜡用热水熔化后，加入4汤匙植物油。搅拌到混合物完全熔化，然后从火上拿开冷却。膏体很快就凝固了。

使用

这种润唇膏可以保湿嘴唇，或者固化指甲。你甚至可以把它和一块旧布一起涂在你的皮鞋上，让鞋更亮、更防水，同样也可以用于木材。最后，你也可以把这种混合物倒进用过的口红管里定型。

零浪费妙招　将开水倒在蜡接触过的器皿上面，可以很方便地清洗器皿。

发胶

- 1个喷壶
- 热水
- 2大勺糖粉
- 3~5滴橙油或柠檬精油（可选）

在喷壶里放一大杯热水和糖。如果需要的话，加入精油来调味。将糖溶于水，静待混合物冷却。

使用

喷在干燥的头发上。晾干30秒，必要时再喷一遍。

头发干洗剂

- 玉米淀粉（或木薯粉）
- 桉树精油

将4小勺玉米淀粉和3滴桉树精油混合即可。

用法

当你的头发很油腻又没有时间洗的时候，把它撒在油腻的发根上，稍微匀开。等待3分钟，然后用手或刷子或梳子轻轻梳理头发。就是这么方便！

优先考虑哪些产品？

选择环保的清洁产品有三个好处：减少浪费，保持健康并且省钱。

皮肤护理

提倡

植物油+芦荟。
别忘了，最好的保
湿方法就是喝水！

不提倡

几十种富含内分泌干扰素
的昂贵化妆品！

卸妆

提倡

可重复使用的卸妆巾=
零浪费+每年节省上百元！

不提倡

一次性卸妆棉：女
性平均每年使用
2000片卸妆棉！

卫生巾

月经杯/可重复使用的卫生巾/月经裤=零浪费+每年节约几百元（月经杯的使用寿命为5～10年）。

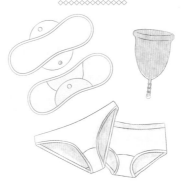

不提倡

一次性卫生用品：女性每年扔掉近300件垃圾+健康风险！

耳朵卫生

挖耳勺=零浪费以及几块钱就能用一辈子的东西！

不提倡

棉签：全球每年产生120万吨垃圾。成本：每人每年几十元。

脱毛、剃须

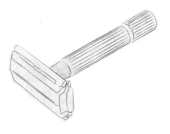

安全剃须刀=每年节省上百元！

不提倡

一次性剃须刀=平均每人每年上百元。美国每年有200万个不可回收的剃须刀被扔掉。

个人护理

避孕和月经周期

过度进行个人护理会污染日常生活，有时还会伤害身体。对于避孕和月经，要找到零浪费和可靠的替代品并不容易。以下是我的建议。

避孕

激素，特别是女性避孕药，是内分泌干扰素，会带来一些不利影响。

- **环境：**通过尿液释放的激素会导致雄鱼雌性化。13%~64%的鱼类有性别转化的迹象，威胁着它们的繁殖和生存。内分泌干扰素（激素）的问题在于，它们会改变鱼类的生理功能，尤其是生殖功能。水处理技术只消除了水中30%~70%的激素。这意味着这些污染物也存在于我们的食物中，比如鱼类和饮用水。

- **健康：**每1万名妇女中有2~4人由于服用避孕药而患有静脉血栓。

  避孕药副作用很多。根据法国国家医药和保健产品安全局（ANSM）在2013年发布的报告，2000—2011年避孕药每年至少造成20名法国人死亡，以及超过2500起心血管事故。

  然而，它是法国使用最广泛的避孕方法，36.5%的妇女每天服用避孕药。

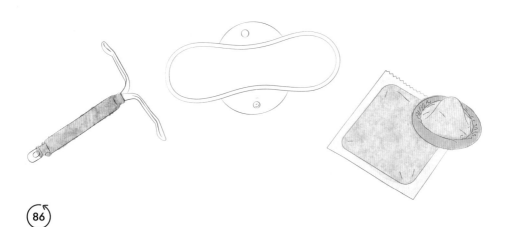

替代品

- 避孕套：它也是预防性病传播的唯一途径。不过这并不是一个零浪费的选择。浪费总比带来健康风险好。但是避孕套的生产并不浪漫：它们通常是在世界的另一端的工厂里，由石油衍生物或合成乳胶，加上防腐剂、香料和化学物质（内分泌干扰素）制成的，而这些物质很可能是有害的。

  建议选择天然、植物和公平贸易产品。

- 宫内节育器：它是相对可靠的。遵医嘱放置（妇科医生），可使用数年，随时取出。
- 男性结扎手术：这是一种简单的外科手术（切断运送精子的通道），成本低廉，局部麻醉15分钟即可完成，80%可逆。在英国，21%的男性将其作为避孕手段，而在法国，这一比例为0.8%。

月经

1/2

1/2的女性会关注经期卫生用品对其健康的影响。

450 亿

全世界每年丢弃450亿张卫生巾。

12 000 ~ 15 000

每个女性一生会使用12000~15000个经期卫生用品。

零浪费替代品

- 月经杯：这是一个带有小柄的漏斗形杯子，用于收集经血，使用期间必须每隔6~8小时清理一次。它是医用硅酮材质，可使用5~10年，根据身体构造和流量的差异有不同尺寸可选。
- 可水洗的卫生巾：样式与一次性卫生巾类似。
- 月经内裤：它可以取代卫生巾，平均可穿戴12小时，不会有侧漏或异味。晚上只需稍微冲洗一下，然后用30℃的水温与其他衣物一起机洗即可。

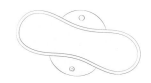

精油疗愈

我们经常过度使用药物。每当我们的身体出了问题，第一个想到的就是吃药！你卵巢不好吗？吃这个！你撞到自己了吗？头痛？脚痛？还是哪里？喝那个！但是药物不能增强免疫系统，也不能教会它如何对抗疾病。更糟糕的是，你吃的药越多，你就越习惯，身体的耐药性也越强。吃药不是没有用，但在大多数情况下，还可以选择一些纯天然的治疗方法。

摆脱药物之旅

要减少药物的使用，首先应该问问自己是否真的需要药物，以及解决真正问题的办法是否合理。我们的身体在传递信息，请认真倾听。因此，如果你经常胃痛，最好在服药前检查一下你的饮食习惯。

零浪费提示

注意：孕妇、幼儿（6岁及以下）请勿使用精油。患有激素依赖性疾病的人群应该避免使用其中一些精油，如普罗旺斯柏树、红桃金娘等。

用精油治疗常见的小问题

红肿

碰伤后，在瘀青处滴1～2滴纯蜡菊精油，甚至在出现瘀青之前就可以开始这样做。每天重复5次，持续2天。

小伤口

　　用肥皂彻底洗手，然后清洗创口。将一滴茶树精油与少许植物油或芦荟精油混合，敷在伤口上。不要用在深伤口上。

烫伤

　　将烫伤处在冰水中浸泡10分钟。没有必要让自来水流10分钟，用盆以防止浪费水（手指可以用碗）。然后在伤口上涂抹1～3滴薰衣草与植物油的混合精油。这也适用于晒伤。

昆虫叮咬

　　一旦你被昆虫叮咬，涂上几滴薰衣草油。每半小时涂一次，一共四次。

　　为了驱赶昆虫，你也可以在衣服上喷洒几滴玫瑰天竺葵或柠檬精油，或涂抹在耳后、手腕和脚踝上。

痤疮

　　在痘痘上滴一滴纯茶树或玫瑰天竺葵精油，也可以用几滴芦荟精油稀释过后使用。每天重复1～2次，直到消失。

零浪费信息

除非另有说明，否则应避免在皮肤上直接涂抹纯精油。应将1滴精油与4滴中性植物油（杏仁油、椰子油、琉璃苣油等）混合。

薄荷精油好处多

薄荷精油是我手袋里必不可少的东西，我一直随身携带着它，因为它可以让我以一种自然的方式治愈日常生活中大多数的小问题，而不会对药物产生依赖。

优点多多

- 对头痛、恶心、晕车、压力等有镇静和止吐的作用，迅速起效。只需要在一块布上滴一滴薄荷精油，闻几分钟。建议，闭上眼睛，它会有点刺眼。
- 对胃痉挛、烧心、腹泻有缓解作用。在一小勺糖或蜂蜜中滴一滴薄荷精油。吞下去，就这样。如果疼痛复发，每天服用3次。
- 对痛经有舒缓作用。将1滴薄荷精油与10滴植物油混合，用它按摩卵巢部位，直至吸收，这样能缓解痉挛。

  技巧： 在肚子上放一个暖水袋来放松和止痛。
- 它有解酒作用。在一小勺糖或蜂蜜中滴1滴薄荷精油，倒入热绿茶中喝下。这可是真正的魔法药水，还有别忘了多喝水。

正确选择精油

选择有机且未稀释的精油，价格比较贵，但每瓶有500多滴，而且有效期很长！

零浪费
提示

注意： 癫痫患者不能使用薄荷精油，因为它含有可能导致癫痫发作的酮。对于所有人，无论是外用还是内服，都要遵守规定的剂量，因为精油是高度浓缩的。

冬季无精油疗法

由于精油并不适合所有人（尤其是孕妇、幼儿和患有激素疾病的人，见第88页），这里有一些保证100%有效且不含精油的配方！

感冒初期的配方

在1升水中加入半个切片柠檬和几片生姜，加入1小勺蜂蜜，趁热多喝。

自制喉糖

配料

- 50克糖
- 半个柠檬
- 2大勺蜂蜜

- 姜
- 糖霜
- 烘焙纸（为了能多用几次，请小心使用）

1 开中火，在锅中加入糖、30毫升水和几滴柠檬汁。

2 当混合物煮沸时，轻轻搅拌以使糖均匀溶化。

3 加入蜂蜜和切成小块的生姜。

4 加热约10分钟，搅拌直至混合物颜色变深。

5 关火，让焦糖冷却。注意，它凉得很快。

6 用勺子把几滴混合物倒在烘焙纸上，形成颗粒。

7 冷却20分钟，然后一个一个地从纸上取下（动作轻点，这样烘焙纸下次还可以再用）。

8 用糖霜给喉糖包糖衣，防止它们粘在一起，这样在密闭的罐子里可以保存几个月。

如何照顾婴儿

　　婴儿……这是一个大话题，尽管我奶奶已经等不及要抱重孙子了，但我还不想为这事儿操心！由于我没有这样的经验，所以我向莫妮卡·达·席尔瓦（Monica Da Silva）求助，她是零浪费妈妈，可以帮助你把浪费减少到最低限度。

特邀嘉宾分享

莫妮卡·达·席尔瓦

自制清洁剂（清洁婴儿臀部）

配料：冷压初榨油、石灰水（药房出售）、蜂蜡。

把50%的油倒在平底锅里，加热一点，加入50%的石灰水，然后加入一些蜡屑（蜂蜡、豆蜡），把它们混合在一起。

可生物降解的纱布

将可生物降解的纱布叠加在可清洗的尿布上，以回收粪便（如果你不想直接用手洗的话）。可清洗的尿布也能买到，如果它们只是被尿湿了，可以洗2~3次。

可清洗的尿布

使用可清洗的尿布，一名婴儿一年可减少250千克垃圾！

冷制皂、温和搓澡巾

用于清洁婴儿脆弱的皮肤。在出生后最初的几周，一个蘸过清水的搓澡巾就足够了。

可洗湿巾

可洗湿巾用于饭后给婴儿清洁。

如何处理尿布？

便便：扔掉可生物降解的纱布。注意，即使它是"可生物降解的"，也不要把它扔进厕所，它在到达处理厂之前的时间还来不及降解，可能会堵塞管道！

尿液：把脏尿布放在一个桶里晾干（因为水会产生真菌），最多放1天。当攒够一次机洗的量再一起清洗。

尿布的审判

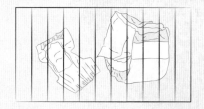

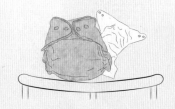

被告人

一次性尿布：被怀疑在全世界面前隐瞒了它的真实成分！它故意隐瞒香精、化学制品、三丁基锡、二丁基锡、单丁基锡、多丙烯酸钠、氯和其他二噁英。可能危害健康！

受害人

可水洗尿布：遭遇可耻诽谤的受害者，被指控是一个肮脏而不实用的老古董！尽管如此，它还是展示了它最流行的设计，结合了人机工程学，包括压力紧固件系统或尼龙搭扣。有些甚至可以随着婴儿成长过程的身高变化而调整。

被告人		受害人
0.25 欧元	单价	从 5 欧元（二手）到 25 欧元（新）
第一年约 2 500 片	需求	第一年大约需要 20 片
第一年约 250 千克	产生的垃圾	第一年产生的废物：0！
600 欧元	一年内总成本	第一年总成本：300 欧元
600 欧元	第一年之后的总成本	0 欧元

优点+

• 不需要洗！

缺点−

• 可能含有阻碍婴儿生长的内分泌干扰素。

• 使用和浪费的高污染材料，导致森林砍伐和资源枯竭。

• 数百千克的垃圾将被焚烧或掩埋。

优点+

• 便宜得多！不到一年就可以收回投资。

• 可以使用多年，适用于多个孩子。

• 环保。

• 有利于婴儿健康。

缺点−

• 必须清洗（但用的是洗衣机，而不是像奶奶辈那样用手洗）。

零浪费妙招

在前6个月，如果你不喜欢可清洗的尿布，可以试试用更健康、更环保的材料制成的可堆肥纱布。

零浪费
行动表

你在个人洗护零浪费这方面取得了什么进展？请勾选你已经做过的所有事情，你就会知道你是蜂鸟（新手）、学徒（进阶）还是零浪费英雄（经验丰富）。

一级——蜂鸟

我扔进马桶旁垃圾桶里的只有厕纸（即使它是可生物降解的）。	
用光那些不符合零浪费理念的化妆品以后，我也不再继续买它们了。	
我买有机标签的产品。	
我用的是固体洗发皂（散装购买）。	
我使用固体肥皂（马赛皂等）。	
我用的是可重复使用的卸妆巾。	
我用的是固体牙膏。	
我买有机的、植物的、公平贸易的化妆品。	
我买的避孕套符合零浪费理念。	
我正在减少药物的使用。	

二级——学徒

	×
我用零浪费工具（挖耳勺或硅胶耳朵清洁工具）来清洁我的耳朵。	
我用植物油来卸妆。	
我自己做牙膏。	
我自己做除味剂。	
我自己做头发干洗剂。	
我正在考虑减少我的化妆品。	
我遵循零浪费经期护理方法。	
我自己做润唇膏。	
我用安全剃须刀剃须。	

三级——零浪费英雄

	×
我自己制作可重复使用的卸妆巾，并分享给身边的人。	
我不再用液体洗发水或者沐浴露。	
我做天然"发胶"。	
我很少化妆。	
我要停止激素避孕。	
我主要用植物油和芦荟凝胶护肤。	
我种了芦荟，从中提取凝胶。	
我自己做喉糖。	
对于婴儿，我用可洗的尿布。	

现状

纺织工业

时尚

妙招

5个负责任着装的技巧

日常生活知识

极简主义衣柜

了解纺织材料

聚焦内衣

道德的珠宝

零浪费行动表

服装

现状

纺织工业

    纺织工业对环境的影响比人们想象的要大得多：它在世界上污染最严重的工业排名中仅次于石油工业，在耗水量最大的产业排名中仅次于农业。评估"快时尚"造成的损害。

1件
5次

1件衣服平均穿5次。

快时尚精神

2700L
1件

2700升水用于生产1件T恤。

纺织制造

7000 L

7000升水用于生产1条牛仔裤。

1条

1000亿

2014年一年内全球售出1000亿件衣服是一个历史门槛。

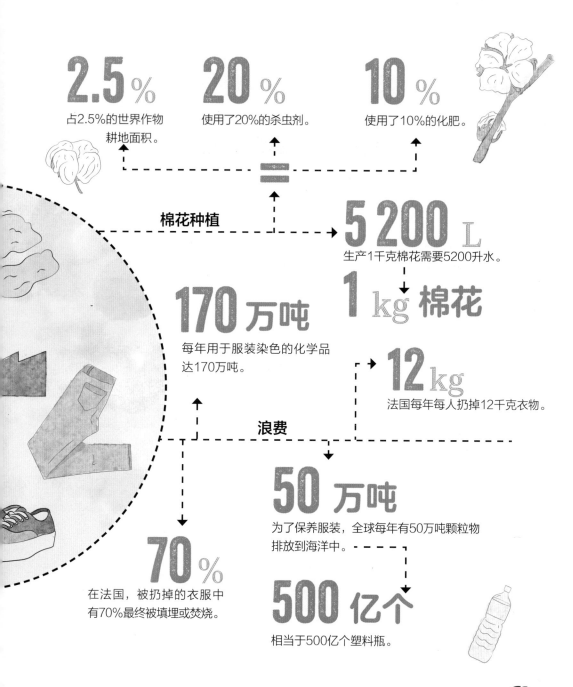

2.5%
占2.5%的世界作物耕地面积。

20%
使用了20%的杀虫剂。

10%
使用了10%的化肥。

棉花种植

5 200 L
生产1千克棉花需要5200升水。

1 kg 棉花

170 万吨
每年用于服装染色的化学品达170万吨。

12 kg
法国每年每人扔掉12千克衣物。

浪费

50 万吨
为了保养服装，全球每年有50万吨颗粒物排放到海洋中。

70%
在法国，被扔掉的衣服中有70%最终被填埋或焚烧。

500 亿个
相当于500亿个塑料瓶。

现状

时尚

在短短的几年内，我们与时尚的关系已经完全改变。如今，大品牌每两周就可以推出新的服装系列。这带来了数十亿件的服装，其原材料在资源库存中占了很大比重。"快时尚"已成为常态。这个毫无节制的生产系统，使我们在20年中消耗了实际所需的400%的服装，但这并非没有隐患。

廉价时尚：高昂的成本

商店中的衣物价格也许便宜，但是付出的社会和环境方面的代价却很高！地下水枯竭，河流受到严重污染，与生产方式有关的健康丑闻，童工，奴役……影响是巨大的。

零浪费信息

2013年4月24日，孟加拉国一家著名品牌的工厂——拉纳广场（Rana plaza）倒塌，造成1133人丧生和2500人受伤。政府以及商业上的疏忽表明了不人道的纺织行业和一味追求生产率的危害。

我们的健康危在旦夕

氯、氨、碳酸钠、重金属、甲醛、钛酸盐，尤其是染料，都广泛用于纺织工厂。欧洲禁止含有重金属和甲醛（污染物成分）的染料，但是对进口产品的控制却很少。在长期直接接触中，这些有毒物质会渗入皮肤，污染空气以及水资源。

零浪费信息

投身"时尚革命"！

每年4月，公众和负责任的时尚从业者齐聚一堂，倡议打造机制更透明的跨国时尚企业，以及更人道、更环保的生产流程。

牛仔裤的旅程

染色

拉链

铜纽扣

棉花

锌铆钉

① 棉花，在孟加拉国收获。

② 棉花被送往巴基斯坦或意大利的纺织厂，在那里纺出布料，然后用靛蓝（通常来自德国）进行染色。

③ 布料被送到突尼斯或一些亚洲国家，再与其他组件组装在一起：铜纽扣（来自非洲），锌铆钉（来自澳大利亚），拉链（来自日本）。

④ 在突尼斯或一些亚洲国家，牛仔裤也经过其他处理（洗涤、打磨、漂白）。

⑤ 然后，牛仔裤被送往销售地。

65 000 km

在到达商店的橱窗前，牛仔裤总共要走过大约65000千米的旅程（环绕地球一圈半）。

极简主义衣柜

极简主义不是无趣的代名词，以下方法让你的衣橱既实用又令人愉悦。远离艰苦和沮丧。

步骤1：大扫除

保留　　　捐赠　　　出售　　　修补

对于每件衣服，请问自己以下问题：

穿起来还合身吗？

我喜欢吗？

我还有另一件几乎相同的吗？

我会经常穿吗？

状况是否良好？

看具体情况放在4个篮子里。

步骤2：修改服装

如果你很容易就厌倦自己的衣服，可以一直创造新的搭配。这样就不再会觉得自己一直穿着相同的衣服。

步骤3：轮转衣柜

1. 黄金法则：取出一件衣服，才能放进去另一件。为避免囤积衣服，要保证自己在卖出或捐赠一件衣服之后才能买新的。

2. 为了能经常有新衣服穿，可以尝试租赁服务。购物的快感过后，我们通常很快就会产生厌倦感。租赁让你享受新衣服带来的乐趣，而不想穿的时候也不会浪费。

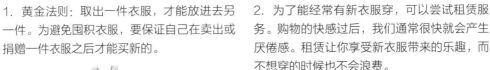

我必须保留这件衣服吗？

问你自己以下问题：

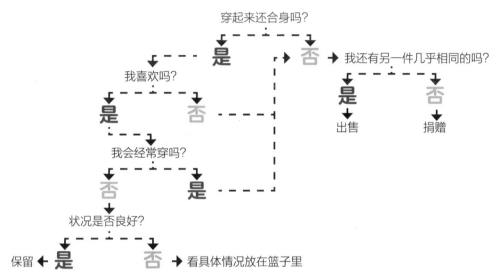

穿起来还合身吗？

是 → **否** → 我还有另一件几乎相同的吗？

我喜欢吗？

是 否

我会经常穿吗？

否 **是**

是 → 出售　　否 → 捐赠

状况是否良好？

保留 ← **是**　　**否** → 看具体情况放在篮子里

发现

选择困难症

想象一个晴雨表，它每天都在衡量我们的决策质量。每个决定都需要精力，并且会逐渐降低我们选择的质量。那么，为什么要浪费我们的天分和精力在诸如衣服之类的肤浅决定上呢？这是史蒂夫·乔布斯（Steve Jobs）的理解，他每天都穿着相同的衣服：牛仔裤和T恤！

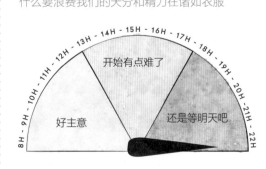

8H - 9H - 10H - 11H - 12H - 13H - 14H - 15H - 16H - 17H - 18H - 19H - 20H - 21H - 22H

开始有点难了

好主意

还是等明天吧

了解纺织材料

并非所有纺织材料对生态的影响以及对健康的益处都是相同的。

合成材料

全世界70%的合成纤维（尼龙®、丙烯、氨纶、莱卡、聚酯……）的生产来源于石油。它们的制造过程是高度污染和能源密集型的。

粘纤（粘胶纤维）是由天然原料制成的。然而，这种纺织品是一种化学反应的结果，包括溶剂、二硫化碳、硫酸等。以上这些对地球来说，并不值得高兴。

聚酯和其他源自石油的纤维每次洗涤都会产生2000个塑料微粒。这种污染很难通过水处理来控制，最后会进入海底，被鱼吃掉……而这些鱼最终会出现在我们的餐桌上。即便要穿合成纤维，也请优先选择竹纤维、木纤维、天丝或者可回收纤维。

天然纤维

亚麻、汉麻、棉花，无论如何请优先选择这些有机原料。这不仅保护了你的健康，更保护了制作和印染这些衣服的工人的健康。

汉麻是一种对环境以及我们的肌肤都最有益的纺织原料。

亚麻的生产只需要很少的水和简单加工，而且污染也很少。

可回收纤维

它们也许不完美（如释放微粒的回收塑料），但我们可以重复利用现有的材料，而不需要继续向大自然索取。

发现

棉花

种植棉花占用世界耕地面积的2.5%，使用了20%的杀虫剂，更不用说它对水的巨大需求：每生产1千克棉花需要5200升水。

5200 L

5200升水生产1千克棉花。

选择二手衣物

蚕丝来自蚕茧。为了生产它，这些茧要么被扔进沸水中，要么被充气。

生产一千克蚕丝需要杀死大约6600只蚕。

6 600

1kg

羊毛意味着野蛮行径，拥挤的饲养环境，卫生条件差，剪毛时虐待动物……工业中紧迫的产能和工期压力有着不良影响。甲烷、农药、杀虫剂的使用以及其他后期加工方式，对环境也极为不友好。

羊绒：羊绒工业表面看来对动物并不残忍，因为它看起来只是剪剪羊毛，但它掩盖了在工期和成本压力下的虐待行径。此外，就像鸡蛋行业一样，当动物不再有产出时，它们也会被送到屠宰场。更不用说环境方面，甲烷、农药、杀虫剂的使用及其他后期加工方式。

零浪费提示

注意：丝绸、羊毛和羊绒虽然饱受争议，但它们是坚固耐用的材料。如果你已经有了，好好保存，不要扔掉。如果你想买新的，那就买二手的，以免鼓励生产。

5个负责任着装的技巧

在买新衣服之前，首先打开自己的衣柜，清点一下里面的东西。我们的衣柜里塞满了衣服，有些已经被遗忘在角落里。仔细检查你的衣服，以免不必要的购买。如果你还缺一件衣服（或者你想买一些新款），这里有5个技巧可以帮助你，不必掏空钱包就能实现。

与周围的人交换

为了你的临时需要，或者只是为了偶尔更新一下衣柜，可以去你的朋友、兄弟姐妹和父母的衣柜里找衣服。爸爸一定会很乐意借给你一条领带，妈妈会借给你西装外套，不是吗？你甚至可以组织"易货之夜"。大家找个地方聚起来，把你们不再穿的衣服拿来交换。

买二手衣物

除了生态环保之外，二手货也便宜得多。在二手平台，可以用低廉的价格购买那些经过精心剪裁，并使用健康环保的优质材料制作的服装。

3　租赁

　　与其买一些昂贵又不常穿的衣服，不如去租。对于一个婚礼，一个主题晚会或只是一个特殊的日子，租衣服会更环保和经济。

4　出售没用的衣服

　　据统计，我们的衣服平均每件只穿7~10次。

　　当你穿腻了或这些衣服不再适合你时，就把它们卖掉。这样可以攒点钱或者去买你真正需要的衣服。

5　修补你的衣服

　　我们来回顾一下零浪费理念中重要的一个方面——重复利用，以延长产品的使用寿命。我们首先要爱护自己的衣服并且珍视它们，这样才能拥有对环境负责任的衣柜。

　　当我们知道我们的服装在环境方面的影响以及它们的回收过程时，修补而不是抛弃它们是一种很好的做法。到鞋匠或是裁缝那里去寻求帮助，或者自己学会修补。

聚焦内衣
内分泌干扰素的大本营

你知道吗？黏液对于内分泌干扰素（环境激素）的传播尤为重要，特别是人体那些潮湿和温热的部位。内分泌干扰素会附着在内衣尤其是内裤上，它们不仅会破坏我们的内分泌系统，还可能影响生育能力，并在妈妈们生产时传播给婴儿。

内衣使我们从早到晚每天都暴露在环境激素面前。建议为家人选择有机织物制成的内衣。

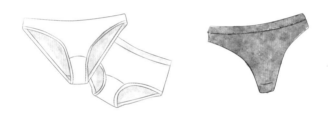

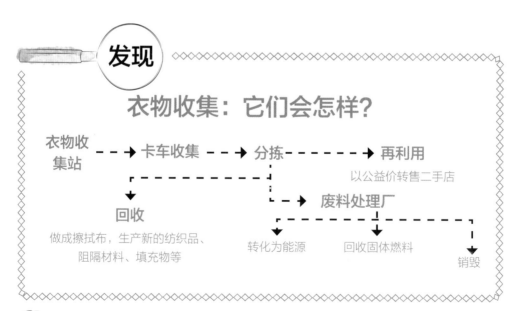

发现

衣物收集：它们会怎样？

衣物收集站 ----→ 卡车收集 ----→ 分拣 ----→ 再利用
以公益价转售二手店

回收
做成擦拭布，生产新的纺织品、阻隔材料、填充物等

废料处理厂

转化为能源　　回收固体燃料

销毁

道德的珠宝

看《血钻》这部电影的时候，除了迪卡普里奥美丽的眼睛，谁曾经过问这些价格相对可承受的耀眼金属和宝石是从哪里来的？

1枚金戒指=2000千克隐性垃圾

在现代社会体制的领奖台上，钻石、黄金和其他珠宝都是冠军。遗憾的是，这些精心修饰的奇迹背后，一些不光彩的做法很少被披露，但我们可以通过更加尊重资源和人权的选择来改变这一切。

标签

- FAIRMINED标签是对材料可追踪性的认证，以确保尊重人权、矿区经济和社会发展以及保护环境。
- 金伯利（KIMBERLEY VPROCESS）进程证书制度确保钻石和贵重金属是"无冲突"钻石和贵重金属，也就是说，它们不是来自冲突地区。

承诺

- 使用可回收和/或认证的贵金属。
- 从开采到制作均采用可追踪的生产方式。
- 制作过程中限制化学污染物的使用。
- 限制使用电镀或涂层。

零浪费
行动表

　　你在服装零浪费这方面取得了什么进展？请勾选你已经做过的所有事情，你就会知道你是蜂鸟（新手）、学徒（进阶）还是零浪费英雄（经验丰富）。

一级——蜂鸟

我正在给衣橱里的衣服分类。

我捐出不再穿的衣服。

我减少购买衣服的件数。

我不再买快时尚品牌的衣服了。

我两个月不买新衣服了。

我有三件有机材料的衣服。

我在买衣服之前会先了解一下我的衣服是从哪里来的。

我遵守衣服的洗涤指示来保存它们。

我拒绝皮草。

二级——学徒 ✕

我正在缝补破衣服。

我正在学习补衣服。

我买二手衣服。

我六个月不买新衣服了。

我从朋友那里借只会穿一次的衣服。

如果购买新衣服，我将偏向有社会、环境和道德承诺的品牌。

三级——零浪费英雄 ✕

我自己修补破损的衣服。

我租了晚礼服。

我根据需要缝补衣服。

我一年不买新衣服了。

我和朋友们组织了一次衣服易货活动。

我不再买非有机（二手除外）材料的衣服。

我不再买不善待动物的衣服（二手除外）。

我穿有机材料制作的衣服来保护肌肤健康。

我向别人推广这些理念。

我用与家人在一起活动代替逛街。

当我决定不买衣服时，我会把钱存起来，看看我每个月能存多少钱。

DIY

用货物托盘做衣架

自制蚜虫杀虫剂

自制家庭迷你温室

现状

能源密集型住宅

必修课

我的零浪费之家

减少能源消耗

10个减少能源消耗的技巧

妙招　日常生活知识

9个节水小妙招

零浪费花园

生态农业

二次种植水果、蔬菜和香草

零浪费行动表

房屋与花园

现状

能源密集型住宅

为了支持COP21（巴黎联合国气候变化大会）所制定的控制全球升温在2℃的目标,到2050年法国应减少50%的能源消耗。

要做到这一点，我们必须审视高能耗的家庭能源消费模式。

25%

在法国，高达25%的电能被浪费了（电脑待机、夜间通风……）。

电能

11%

每年11%的电费账单是由家用电器的"被动"消耗造成的。

相当于

7 或 8 个灯泡

365天每天24小时亮着7或8个灯泡。

即 → # 20 亿欧元

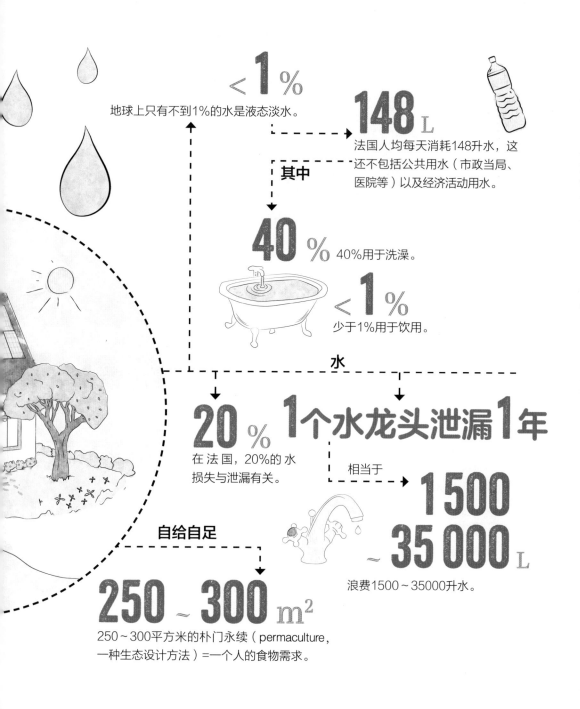

< 1 %
地球上只有不到1%的水是液态淡水。

148 L
法国人均每天消耗148升水，这还不包括公共用水（市政当局、医院等）以及经济活动用水。

其中

40 %　40%用于洗澡。

< 1 %
少于1%用于饮用。

水

20 %
在法国，20%的水损失与泄漏有关。

1个水龙头泄漏1年

相当于

1 500 ~ 35 000 L
浪费1500~35000升水。

自给自足

250 ~ 300 m²
250~300平方米的朴门永续（permaculture，一种生态设计方法）＝一个人的食物需求。

减少能源消耗

　　生活起居虽然需要大量的能源消耗，但也是最有潜力引入新能源的地方，因此这对计算我们的碳足迹至关重要。

节能意识

　　在法国，有1/4的能源消耗被浪费了，这便是我们说的能源的过度消耗，无意识地、不受控制地过度使用电器。相反，能源节约要求我们有意识地使用设备，杜绝浪费，选择更节能高效的电器和工具。

选择高效的家用电器

　　看看贴在家用电器上的能效标签。它显示了它们的节能、节水性能。A+++（中国是1级）表示能效表现最好的设备，D或低的（5级）表示高能耗设备。

创新能源

　　废水回收装置、太阳能电池板、风力发电机……我们生活的地方也可以创造财富，并长期产生经济效益。我们有责任尽可能合理安排，以限制开支，最重要的是，限制我们对工业和化石燃料的依赖。

那么多的水

　　水资源比看起来稀缺得多。虽然地球表面的72%被水覆盖，但地球上只有2.8%的水是淡水，其中2.1%是冰川。因此，陆地上只有0.7%的水是液体淡水，也就是饮用水。然而，我们的用水方式是欠考虑的。我们这一代人的用水量是祖父母那一辈的8倍。

　　在法国，农业用水约占用水量的48%，而24%为家庭用途，我们可以对此采取行动。

标签

- **能源之星**：认证设备在运行和待机状态下的能源效率。

- **Ecolabel EU（欧洲标准）**：确保产品在整个生命周期内的能源效率、洗衣机合理用水和限制危险物质的使用。

- **TCO认证（国际认证）**：认证产品生命周期内的能源效率、材料质量、设备工效和污染物限制。

零浪费提示

我的经济学

　　花更多的钱来省钱：虽然最高效的电器通常更贵，但它们也是最耐用的，可以让你节省最多的钱。你的投资会有回报的。

必修课：

我的零浪费之家

　　以下是一些对更环保、更经济的家至关重要的东西。请记住，"节约能源"和"节省开销"是密不可分的。

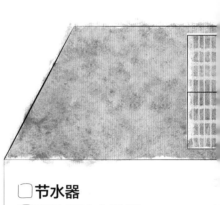

- ☐ 节水器
- ☐ 双按钮冲水马桶
  （两个不同冲水量的按钮）
- ☐ 在马桶水箱里放置物品，以减少水量

- ☐ 从家人和邻居那里回收的厨房必需品
- ☐ 去污染的植物
  （芦荟、杜鹃花、常春藤、棕榈树……）

- ☐ 蚯蚓堆肥箱
  （第69页）
- ☐ 迷你温室
  （种植净化类植物）
- ☐ 菜园、植物墙、室内作物
  （芳香植物等）

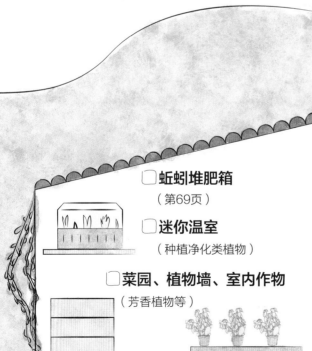

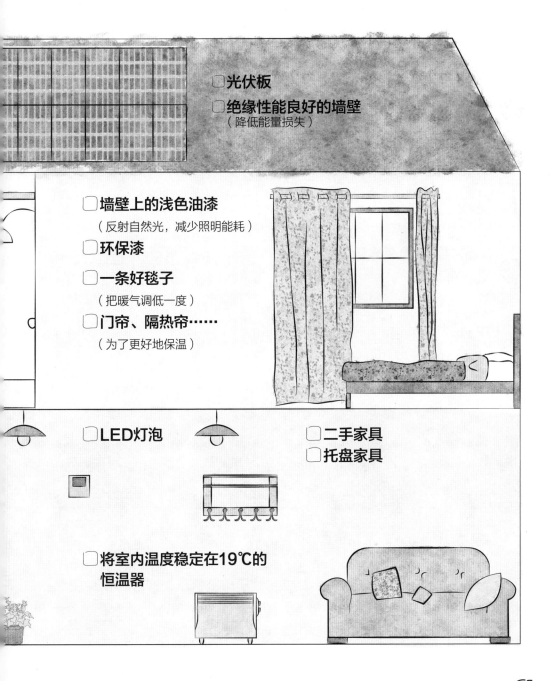

☐ **光伏板**

☐ **绝缘性能良好的墙壁**
（降低能量损失）

☐ **墙壁上的浅色油漆**

（反射自然光，减少照明能耗）

☐ **环保漆**

☐ **一条好毯子**

（把暖气调低一度）

☐ **门帘、隔热帘……**

（为了更好地保温）

☐ **LED灯泡**

☐ **二手家具**

☐ **托盘家具**

☐ **将室内温度稳定在19℃的恒温器**

10个减少能源消耗的技巧

1℃ = 节能 7 %

请将室温保持在20℃以下，整栋房子的理想温度约为19℃，单独房间17℃。因为当房间空气更清凉时，我们会睡得更好。并且，每当室温下降1℃，每个家庭可节约7%的能源。如果你感觉有点冷，可以穿暖和一点，喝热饮料，穿上拖鞋（我们的四肢比身体的其他部位更怕冷）。

洗衣机水温调节至 30℃ = 节能60%

当水温为60℃时，洗衣机80%的能耗是用来加热水的。这很可惜，因为通常不那么热的水洗出来的衣服也一样好。调到30℃，就可以节能60%。这样衣服颜色保持得更持久，也不会皱巴巴的，总之都是好处。只用60℃去洗那些必须要消毒的东西就好（洗碗布、抹布，如果你生病了，床单和毛巾也要消毒）。

不选"环保"模式的环保

如果你倾向于使用洗碗机的"正常"模式，那么建议你改用"环保"模式（延长循环时间，但降低水温），可以节省高达45%的能源。其实，更好的办法是"快速清洗"模式，它在30分钟内（而正常模式需要超过2小时15分钟）做完全相同的事情，但减少了50%的水和电能消耗。

关掉你的电器，而不是让它们处于待机状态：这可以节省10%的能源

这是一个非常简单的动作，但这是一个需要养成的习惯。当你晚上关掉电视时，也要关掉其他暂时不使用的电器。当你早上出门的时候，检查一下是否暂时不使用的电器都关闭了。

用电水壶烧水

使用热水壶而不是传统的煤气灶烧水，平均可以节省60%的能源。下次煮面的时候可以利用电水壶烧水。把热水壶里的水预热一下，只用适量的水，而不是4倍那么多。因为用的水越多，烧开水所耗费的能源就越多。

保养你的冷柜

冰箱必须每6个月清理一次，因为3毫米的冰意味着额外30%的能耗。

调节温度

冰箱的理想温度为4℃（冷柜是-18℃～-6℃）。除此之外，每降低1℃，就会增加10%的能耗。为了减少热量损失，把食物放进冰箱之前要等它冷却，并确保只有在需要的时候才开门。总之……别盯着打开的冰箱发呆，想自己该吃什么。

合理安置制冷设备

制冷设备应远离热源（烤箱、加热板、阳光充足的地方）。将冷柜放在18℃的房间比在23℃的房间可以减少3/4的能耗。

采用低能耗照明

虽然LED灯泡（发光二极管）的平均成本是普通灯泡的两倍，但其使用寿命是后者的8倍，耗电量是普通灯泡的1/3。

清除灯泡上的灰尘

除过尘的灯具增加了40%的亮度。所以你不必全部打开客厅里的6盏灯和厨房里的12个小灯就能看得清楚。

零浪费提示

选择自然光

如果不需要就不要开灯：记得常常清理窗户，把墙壁刷成浅色。

9个节水小妙招

淋浴而不是使用浴缸

淋浴每分钟消耗15~18升水，而浴缸是150升水。另一方面，节水淋浴的概念仍然包括不要连续冲水15分钟，否则淋浴的好处也就不存在了。去冲个15分钟淋浴吧，但记得打肥皂时要关闭水龙头。毕竟，当你刷牙时，你永远不会让自来水一直开着（我希望如此）。

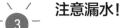

注意漏水！

一个漏水的龙头每年浪费1500~35000升水。这相当于每年20~150欧元的费用。

配备节水龙头

节水龙头在压力下混合空气和水，可以平均节省50%的水。节水龙头的平均流量为每分钟6升，而传统水龙头为每分钟10~17升。

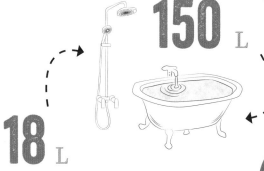

150 L

18 L

少用洗发水

洗发水和泡沫越多，清洗头发所需的时间就越长。

零浪费信息

据统计，厕所用水占我们总用水量的20%。每次平均冲水量为9升，这代表每人每天平均冲水量为36升水。

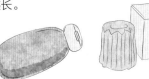

5 **收集洗衣服及洗脸用水冲马桶……**

……这些都是节省出来的水。

 6 **在马桶里放一个瓶子**

回收一两个1升或1.5升的塑料瓶，装满水，拧紧并放入马桶水箱。每月将节省数百升水。

 7 **安装双控马桶**

这使你可以根据需要，在2种水量之间进行选择。选最低水量，每次冲水最多可节省6升水。

 8 **建议使用洗碗机**

根据洗碗机型号的不同，几餐饭的碗碟会消耗12～15升水。除非你学会"零浪费洗碗"，否则手洗碗最多会消耗2～3倍的水。

 9 **零浪费洗碗**

1. 将用过的餐具收集在一个水盆中，加水没过即可。

2. 仅使用盆里的水，而不要额外加水。使用洗碗刷、手编清洁球和马赛皂清洗。

3. 倒掉脏水，用小股水流冲洗水盆。

4. 将餐具拿在水盆上方冲洗。

5. 将水留在盆中，将下次的脏盘子放入，然后从步骤1重新开始，直接使用冲过餐具的水即可。

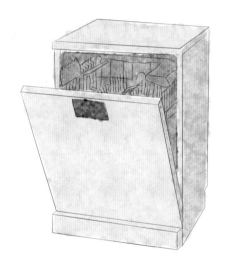

零浪费家具

忘记宜家和其他"快速"家具家居供应商：回归本源，体会淘旧货的乐趣，翻新老物件，甚至自己动手做室内家具。

淘二手家具

- **从您的家人开始：** 他们一定在柜子里塞了很多东西，而且很高兴处理掉它们。
- **访问二手商品网站：** 可以找到状态良好、价格诱人的物品。

- **睁大眼睛：** 有时宝贝就在街边等着被捡走，这是一个让眼睛离开手机屏幕的好理由。

翻新旧家具

不要局限于家具的外观，而要看它的结构、大小和风格。也许稍做修正就可以让它变得时髦？思考一下这些不需花钱就能做的简单事情。

- 打磨漆太厚的家具。

- 重新给旧椅子加个垫子。

- 重新粉刷家具或用墙纸装饰。

- 给抱枕更换外罩。

自制家具

有什么比自己制作家具（尤其是用货物托盘之类的旧材料）更好地满足你的需求并省钱的方法吗？

货物托盘有毒吗？

标有"MB"货盘用甲基溴熏蒸处理（参见旁边的标签）。如果托盘没有任何标记，则不会进行处理，则木材是未加工的，用于短距离和一次性使用，不会特殊处理。自2010年以来，带有"EPAL（欧洲托盘协会）"标记的托盘不再进行化学处理。

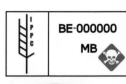

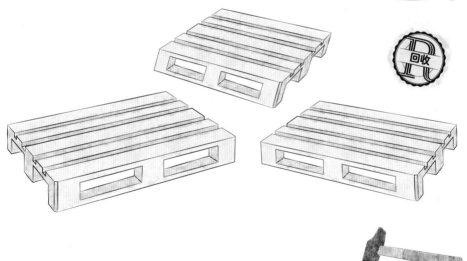

零浪费妙招

避免购买过多工具。如果你没有所需的所有工具，请向邻居、亲戚、朋友借用，或从专门商店或工具馆租用。每次仅使用几分钟，我们真的需要一把电钻吗？

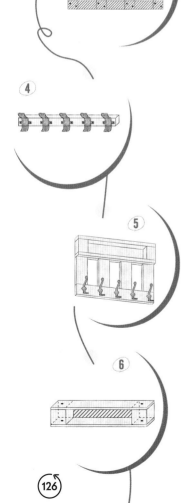

DIY
用货物托盘做衣架

◇◇◇◇◇◇◇◇◇◇◇◇◇◇◇◇◇◇◇◇◇◇◇◇◇◇◇◇◇◇◇◇

材料

- 卷尺
- 曲线锯或其他锯
- 电钻
- 4毫米木钻
- 砂光机
- 刷子

- 80厘米×120厘米的托盘
- 另外两个80厘米长的托盘木板
- 5个挂衣钩（在DIY商店购买）
- 一桶清漆
- 一些30毫米螺丝钉
- 销钉

◇◇◇◇◇◇◇◇◇◇◇◇◇◇◇◇◇◇◇◇◇◇◇◇◇◇◇◇◇◇◇◇

提示：将托盘锯成两半后，我们可以制作两个相同的衣帽架，只需在另一部分重复该过程即可。

❶ 打磨：首先对托盘进行打磨，以使木材尽可能干净。

❷ 平放托盘，将托盘从中间锯成对称的两部分，仅保留上半部分，上部的垫木将用于制作储物格。

❸ 组装：将托盘立在地面，垫木在上方。用钉子在垫木后面钉一块长木板，做出一个小平台。这样储物格就做成了。

❹ 挂钩的底部：在衣帽架的底部，平行于上面的垫木，固定最后一块长木板，以封闭

成矩形并固定4个被锯成一半的托盘木板。这块长木板用于装挂钩。

❺ 挂钩的固定：将5个挂钩平均分布在长条木板上，每个挂钩用2个螺丝钉固定。

❻ 完成：如果需要，可以给这个衣帽架刷一两层清漆。

❼ 安装：在储物格的底部钻两个孔，左右各一个，然后将衣帽架固定在墙上，使储物格在与眼睛水平的位置，并用两个适合墙壁材质的销钉固定。

衣帽架已准备就绪并安装。顶板还将用作储物格，使你可以用到每一个表面。

零浪费花园

花园从我们的零浪费方法中获得了所有的收益，因为我们的有机垃圾是潜在的肥料，而且是天然的，它们会给植物带来快乐。

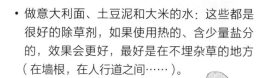

用厨余水浇花

- 洗菜水（有机）：不含盐分的冷水。它富含维生素和矿物质，是一种天然肥料。

- 煮鸡蛋的水：使用前先冷却。它富含钙，一种天然肥料。

- 做意大利面、土豆泥和大米的水：这些都是很好的除草剂，如果使用热的、含少量盐分的，效果会更好，最好是在不埋杂草的地方（在墙根，在人行道之间……）。

垃圾中的"超级肥料"

- 蛋壳：晾干，然后碾碎，与种花的土壤混合，这是一种富含钙的肥料。

- 香蕉皮：切成块，内部覆盖在地表，它们含有钾。

- 所有有机垃圾：用于堆肥或蚯蚓堆肥（第69页）。

DIY

自制蚜虫杀虫剂

① 在喷雾器中，将50毫升白醋和500毫升水混合。

② 喷洒在植物上以清除蚜虫。

（另见用马赛皂制作杀虫剂，第140页）

生态农业

生态农业是一种以生态系统的自然功能为基础的农业食品生产系统；在耕作的过程中，基于大自然原本的效力，创造和恢复土壤生命力，确保土壤肥力和保护自然资源。

土壤分层技术

通过将营养物质（纸箱、原木、树枝、枯草、枯叶、肥料、树皮）叠加在一起，我们自然会在土壤微生物的帮助下创造出肥沃的土壤，而它们的工作是必不可少的！

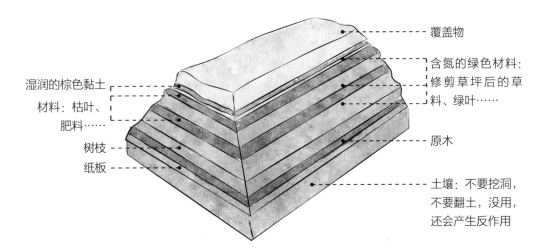

湿润的棕色黏土
材料：枯叶、
肥料……

树枝

纸板

覆盖物

含氮的绿色材料：
修剪草坪后的草
料、绿叶……

原木

土壤：不要挖洞，
不要翻土，没用，
还会产生反作用

不要把它们扔掉，它们可以滋养土壤！

- 堆肥
- 粪肥（在农场或附近的马术中心索取）

- 草坪修剪后的草料
- 枯叶（秋季储备）
- 稻草

- 木柴灰（冬天存起来）
- 木屑

稻草遮阳棚的作用是什么？

- 限制杂草的生长
- 提高土壤肥力

- 保持湿度
- 在夏季，它可以减少水分蒸发，减少浇水的次数

- 在冬季，它能保护土地免受寒冷

把它们种在一起，互相保护。

让我们永远不要忘记——遵循自然规律。大多数时候，你可以通过植物之间的良好组合来摆脱化学物质。如果合理搭配，它们也会有益于邻近植物的生长。

- 罗勒与西红柿组合可以预防蚜虫。
- 树莓附近的勿忘草会使树莓虫远离树莓。

- 胡萝卜旁边的茴香可以驱赶胡萝卜果蝇。
- 卷心菜附近的薄荷（盆栽，因为它是侵略性植物）会赶走卷心菜根蛆。
- 薰衣草（和薄荷一样）能驱赶蛞蝓、蜗牛、蚂蚁和许多害虫。把它们种在胡萝卜、卷心菜和生菜周围。

这些水果和蔬菜一起种植，可促进它们各自的生长。

- 大蒜+土豆
- 甜菜+芹菜
- 胡萝卜+小葱
- 草莓+大葱
- 印度康乃馨+西红柿

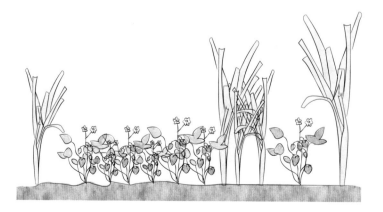

零浪费妙招

薰衣草、百里香、金盏花和迷迭香吸引蜜蜂，可以促进授粉，进而增加产量。

二次种植水果、蔬菜和香草

是的，即使在公寓里，你也可以通过二次种植你吃过的蔬菜来创造一个非常小的花园！

种植蔬菜

- **新洋葱：** 将洋葱头（带根）切开。切掉鲜的洋葱叶，仅保留一段葱叶和带须的洋葱头共约5厘米，放在水中5~7天，然后移入土中。
- **芹菜枝：** 留5厘米芹菜根，放在水里5~7天，然后种植。

- **洋葱：** 在不去皮的情况下，在根部上方2~3厘米处切开。不带根的部分用于做菜，有根的部分马上铺上泥土。

水果

- **柑橘类水果：** 取出果核，洗净，但不要晾干。把它们直接放在一个带土壤的罐子里，盖一个透明板（可以用塑料瓶底），这样就形成了一个小温室。把它们放在温暖的地方。种子充分萌芽时，将它们移至一个更大的带土壤的罐子中（约6周）。
- **草莓：** 用牙签取下种子，冲洗干净，在报纸上晾2~3天。把它放在一个带土壤的小罐子里，保持土壤湿润。大约6周后转移到一个更大的罐子里。

- **牛油果：** 找出果核的顶部和底部（圆形部分）。取出并冲洗果核。在核的下2/3处扎四根牙签。加入一杯水，把核放在玻璃上，这样底部就会浸入水中。每两天换一次水。3~4周后，开始长出根。等根长到10厘米左右，再把它放在一个带土壤的罐子里，把核的上半部分放在外面。定期浇水，使土壤保持湿润。

香草

- **罗勒和薄荷：** 保留茎和顶端。把它们放在至少2厘米深的水中。当根长3~5厘米时移入土中。
- **香菜：** 将茎放入水中，当根长3~5厘米时重新种植。

- **迷迭香：** 将迷迭香从树枝上取下，留下一些顶部的叶子，将树枝浸入几厘米深的水中。当根出现时移入土中，保持湿度。
- **大蒜：** 在土壤中种入大蒜，盖上泥土，保持湿润。

DIY

自制家庭迷你温室

它将帮你开启一个室内花园。发芽的种子可以在这个小温室里长大。

◇◇

工具

* 胶水枪
* 5个CD盒

◇◇

❶ 去掉CD盒的内部，只留下光滑透明的方块。

❷ 把第一个打开的CD盒放在桌子上。

❸ 用胶水枪，先用第二个盒子把温室的侧面粘起来，然后把它粘在上面。然后打开第三个盒子，固定好。

❹ 把剩下的两个盒子的一半固定在两端，这样剩下的两个盒子就会形成温室的顶部，很容易打开。

❺ 把迷你温室放在阳光充足的地方，把种子种在小盆里，放在里面。这种结构能保持热量并促进发芽。

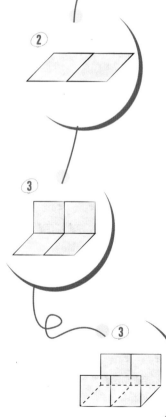

零浪费
行动表

你在房屋与花园零浪费这方面取得了什么进展？请勾选你已经做过的所有事情，你就会知道你是蜂鸟（新手）、学徒（进阶）还是零浪费英雄（经验丰富）。

一级——蜂鸟

我不用时会及时关掉电器（节省10%的电能）。	
淋浴打肥皂时我会关掉水龙头。	
如果我更换/购买家用电器，我会选择有环保标签的。	
我在马桶里放了一两瓶水。	
我家里的温度一般保持在19℃。	
我用30℃的水洗衣服。	
我用洗衣机时采用30分钟的快洗模式。	
我用电水壶烧水。	
我把冰箱放在远离热源的地方。	
我把灯泡擦干净了。	
我从朋友、邻居或家人那里借工具。	
我买时令/本地/有机花卉。	

二级 - 学徒 ✕

我会及时修好漏水的地方。	
我用沐浴而不是浴缸洗澡。	
我的卧室温度保持在17℃。	
我每6个月给冰箱除一次霜。	
我装了LED灯泡。	
我用零浪费洗碗法。	
我在我的花园里堆肥。	
我带花瓶去买花。	
我自己制作天然杀虫剂。	
我种蜜源植物（吸引蜜蜂）。	
我正在制作我的迷你温室。	

三级 - 零浪费英雄 ✕

我经常像猫一样洗澡（用浴巾清洁身体）。	
我在花园里和阳台上种植物。	
我装了废水回收器。	
我自己创造能源（安装太阳能电池板、风力发电机）。	
我用货物托盘做家具。	
我用厨房的剩水浇花。	
我给周围的人提供（净化类）植物。	
冬天我用植物给菜园覆盖土壤。	
我合理搭配种植园，以便更有利于土壤的耕作，且提高耕作效率（践行生态农业）。	
我制作了零浪费迷你温室。	
我会二次种植水果、蔬菜和香草。	

DIY

自制手编清洁球（TAWASHI）

现状

室内空气污染

室内空气质量

日常生活知识

马赛皂好处多　　白醋好处多

妙招

简单的居家清洁用品配方

零浪费行动表

居家清洁

现状

室内空气污染

我们平均有80%的时间处在密闭空间内（工作场所、家庭、教育机构、公共交通、汽车……）。

现有证据表明，室内空气污染程度即使不比室外空气严重，也和室外空气一样糟糕。

5~7倍 污染

室内空气

室内空气污染程度是室外空气污染程度的5~7倍，污染来源有清洁产品、烟草、油漆等。
（资料来源：世界卫生组织）

>700万

2012年，超过700万人死于室内和室外空气污染。
（资料来源：世界卫生组织，2014年）

1/8

死亡人数中每8人中就有1人死于室内和室外空气污染。

污染对全世界人类的影响

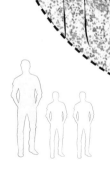

漂白剂

430万

2012年，430万人的早逝与室内空气污染有关。
（资料来源：世界卫生组织，2014年）

1/3

1980年以后出生的人中有三分之一的人患有某种形式的过敏症（鼻炎、哮喘……），部分原因是暴露于过敏原、室内和室外空气污染。

财政负担

190 亿欧元/年

法国室内空气污染物的社会经济成本为190亿欧元/年。

[资料来源：ANSES（国家卫生安全机构）]

2.2 亿升

法国每年使用2.2亿升漂白剂。

40 %

其中40%是由漂白剂引起的。

漂白剂

> ¼

超过四分之一的家庭中毒事件是清洁产品引起的。

停止使用有毒产品！

现状

漂白而死……

漂白剂是一种强大的杀菌剂，它可以杀死所有形式的生命体。这种消毒剂而非清洁剂带来了一个问题，因为它的使用削弱了居住者的免疫系统，并增强了细菌的长期耐药性。事实上，只有在发生流行病或有致病危险的情况下，消毒才有用。漂白剂不是清洁剂，而是一种有毒的漂白物质，它会给人一种清洁的错觉。它是不可生物降解的，严重污染水；它还会释放有毒的氯蒸气。

漂白剂替代方案

• 自制清洁用品：配方见第143~145页。

现状

室内空气质量

我们很容易认为室内空气污染比室外的要轻。然而并非如此。

家中的污染

我们有80%的时间待在室内。而由于多种污染物的相互作用，室内往往受到更多污染：空气污染来自家具、建筑装饰物、油漆、溶剂、清漆、清洁产品、烟草……总之，**室内污染平均是室外空气污染的5~7倍。**

后果

根据法国国家卫生安全机构（ANSES）的数据，**每年约有2万名法国人死于室内空气污染。**值得注意的是，这项研究将肾癌与吸入三氯乙烯、白血病与接触苯、肺癌与氡或被动吸烟、中毒与一氧化碳、长期接触颗粒物与心血管疾病联系起来。

公共卫生问题

今天，室内空气质量是一个公共卫生问题。2014年，法国国家卫生安全机构（ANSES）进行了一项研究，室内空气质量观测站与索邦大学（University of Sorbonne）经济学教授皮埃尔·科普（Pierre Kopp）估计**室内空气污染的社会经济成本约为190亿欧元。**在这项研究中，经济损失与长期接触某些污染物（苯、氡、三氯乙烯、一氧化碳、颗粒物和香烟等）所带来的健康成本密切相关。这笔费用主要用在过早死亡、保健费用、生产损失以及与空气污染有关的疾病医学研究费用上。

这还不包括一些常见于室内空气中的污染物，如甲醛、铅、钛酸盐（塑料中含有）；也不包括不同的霉菌，以及不同污染物之间相互作用的产物。可以十分肯定地说，这190亿欧元是室内空气污染成本的一个保守估值。

改善室内空气质量

- 早晚各通风10分钟（即使是在冬季）。
- 选择有机和环保涂料。
- 少买清漆、油漆或非环保材料（如塑料），购买二手物品，因为这些物品含有的毒素已经基本释放了。
- 避免使用地毯、地垫，这些用品是污染物和污垢的巢穴。
- 不要在室内吸烟。
- 避免使用香薰蜡烛和任何香精产品。
- 自制对健康无害的家居用品（配方见第143~145页）。
- 用净化类植物（芦荟、杜鹃花、菊花、常春藤、棕榈树、蔓绿绒等）来装饰你的房子。
- 降低室内湿度。高湿度促进了霉菌和螨虫的繁殖，还会促进含甲醛的胶水降解，导致呼吸系统疾病及过敏。

马赛皂好处多

马赛皂是必不可少的，它是居家清洁的好助手！

如何正确选择

- 马赛皂一定是绿色的，因为它是由橄榄油制成的。
- 成分表上的第一种成分应该是"橄榄酸钠"（橄榄油），然后最多再加4~5种成分。
- 避免使用含溶剂、香料、苯甲酸酯或棕榈油（配料表中称为"棕榈"或"棕榈酸盐"）的产品。
- 在有机商店、散装商店或手工商店购买。

居家清洁

- 马赛皂是制造洗衣液的基础（见第145页）。
- 它可以用来手洗餐具和衣物。
- 处理污渍：将衣物放入洗衣机前用马赛皂擦拭污渍。
- 事实上，它对一切清洁都很有用：只需用工具——刷子、毛巾或湿毛巾摩擦它就可以了。

浴室

- 对身体肌肤有好处（但注意，它对面部肌肤有刺激性）。
- 非常适合洗手。
- 也可以用作剃须泡沫：用剃须刷摩擦它，并将泡沫涂在剃须区域。
- 你甚至可以用它刷牙。

在花园里

- 它是一种天然杀虫剂。将1~2大勺马赛皂液与热水混合放在喷壶里，摇匀。喷洒受虫害的植物。每天重复1次，直到害虫（蚜虫、蠕虫等）消失。

　　请注意，杀虫剂不是选择性地杀虫，可能会对所有昆虫造成伤害，请少量、谨慎地使用。

DIY

自制手编清洁球（TAWASHI）

传统的海绵非常不理想，因为它们来自石油产品，含有许多化学添加剂，是时候选择其他东西了……解决方案是什么？Tawashi，一种来自日本的耐用清洁球，可重复使用，由回收材料制成。用紧身衣做的手编清洁球非常适合做家具或餐具的清洁，也非常适合除尘或擦亮水龙头。

材料

- 保鲜盒（约15厘米宽）
- 20个洗衣夹
- 1件旧的紧身衣
- 剪刀

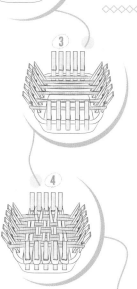

① 把你的旧紧身衣剪成10条大约4厘米宽的带子。

② 在保鲜盒的每一侧平均放置5个洗衣夹。

③ 把五根带子从保鲜盒的一端穿到另一端，用夹子夹住带子的两端。

④ 水平方向，另取一条带子穿过已放好的第一条带子下面，然后在下一条带子上面，然后在下一条带子下面，以此类推。对于第二条带子，首先放在已放好的第一条带子上面，然后压在第二条带子下，以此类推。

⑤ 当所有的带子都织好了，拿起你编织的左上角的第一个环，穿过它旁边的夹子。再把第二个夹子的环穿过第一个环里，然后在每个夹子上重复，直到绕着20个夹子穿一圈为止。

⑥ 当你拿到最后一个夹子时，把环扣在你的手指上，把所有的环从夹子上拿下来。可以保持这个样子，也可以打个结，挂在水龙头旁。

⑦ 用洗碗刷或蛋壳粉代替传统洗碗海绵的"刮"面。

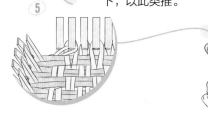

141

白醋好处多

有了这种超经济且多用途的天然产品，你就可以远离化学除垢剂、清洁剂和室内香氛。

- 白醋是天然的清洁消毒剂。
- 它可以维护水槽和管道（见第143页）。
- 它是一种很好的去油剂，如清洗很油腻的菜造成的污渍。
- 它可以帮助清洁洗碗机和洗衣机：偶尔在你的日常清洁产品中加入一杯白醋。
- 清洗电器、咖啡机和水壶中的水垢：将水和一小杯醋放在水壶中煮沸，静置几分钟，冲洗干净，它们就像新的一样。
- 它可以很轻松地清洁微波炉：用一大勺柠檬汁混合白醋一起加热2分钟。静置几分钟，用海绵（最好是自制手编清洁球）或厨房纸（可多次使用的），污垢便很容易清除。

- 白醋是一种很好的尿渍清洁剂。
- 白醋可以清除水龙头上的水垢。
- 白醋可以防止浴室瓷砖发霉。
- 白醋能让皮革闪闪发光：将白醋与水1：1混合，将布浸湿再敷在鞋子、手袋等物品上即可（之前需在物品隐蔽处做测试）。
- 白醋可以去除巧克力、果酱、咖啡、葡萄酒、芥末和红色果汁等顽固污渍：倒白醋，静置15分钟，然后揉搓，清洗干净。
- 白醋可以除锈。
- 白醋能去除衣物上残留的气味：汗液、呕吐物、尿液（请使用多用途清洁剂，见第143页）。
- 白醋是一种天然的软化剂：在洗衣液中加入一小杯醋，看看效果如何。

简单的居家清洁用品配方

多用途清洁剂

- 500毫升水
- 250毫升白醋
- 可选10滴精油，如柠檬精油、西柚精油、薰衣草精油等，或一些柑橘皮（可选，它们可抵消白醋的强烈气味）

将水与白醋混合，加入精油，或将柑橘皮浸泡5～10天。有了这个产品，你几乎可以清洁一切：厨房台面、地板、洗手池、窗户等。

零浪费妙招

把在醋里浸泡过的果皮放在马桶里一整夜，可洗净马桶底部。第二天冲水即可。

零浪费提示

注意：精油会在玻璃上留下污渍。擦玻璃时，需单独用水醋混合物。

管道疏通剂（下水道、洗脸池等）

- 2大勺粗盐
- 2大勺小苏打
- 白醋
- 沸水

将盐和小苏打混合，倒入下水道。加热白醋，然后倒入管道（不要接触管壁，直接从中央倒入，这很重要）。发生了化学反应，等它停止，然后以同样的方法倒入沸水。

浴室接缝清洗剂

- 100克碳酸钙
- 4大勺水

把碳酸钙和水混合（与自制牙膏一样），在接缝处放一个小时。用旧牙刷刷，然后冲洗。

除水垢剂

- 1份热水
- 1/2份白醋

把水和白醋混合，将混合物喷洒在有污垢的表面，静置几分钟，用干净的布擦干。

技巧

当你的淋浴喷头左右出水与平时不一样，这一定是因为水垢。用这种水醋混合物把它洗干净就好，而不要以为它坏了就换掉。

马桶清洁剂

- 热白醋
- 1大勺柠檬酸
- 1~2大勺小苏打

切断马桶上水，冲最后一次。然后将热白醋加入马桶，直到它完全覆盖了要去除的痕迹。加入柠檬酸（注意，它是刺激性的，避免与皮肤接触）。用马桶刷搅匀后，浸泡几个小时。最后，加入小苏打，必要时用刷子刷净。即使非常脏的马桶也能清洗干净。

厕所空气清新剂

- 水
- 视喜好选择10滴精油（薰衣草精油、薄荷精油……）

在喷壶中混合水与精油，摇一摇。需要时向厕所喷洒。

机用洗碗粉

- 400克小苏打
- 200克柠檬酸
- 150克粗盐

把所有材料在一个密封的玻璃瓶里混合。将这种混合物直接在盘子上撒2~3大勺，然后开启洗碗机。粗盐起着除水垢的作用，小苏打可以使玻璃光亮。如果餐具很脏，加入少量经水稀释的白醋作为冲洗液。

织物洁白剂

1升水量的配比
- 1大勺过碳酸盐（去污粉）
- 1升沸水
- 1大勺小苏打

把你的白色织物（抹布、可重复使用的卸妆巾……）放入沸水中浸泡。加入过碳酸盐和小苏打，静置一晚，然后再清洗。

洗衣液

- 1升水
- 1大勺小苏打粉末
- 25克马赛皂片（或自制碎马赛皂）
- 25克液体黑皂
- 少许精油

把水、小苏打、马赛皂片和黑皂倒入一口小锅煮沸、搅拌，然后关火。等待混合物冷却后，可根据喜好加入15滴精油。

技巧

如果你的孩子招了虱子，洗衣服时请使用薰衣草精油。用漏斗把这种混合物倒进用过的洗衣液桶里。每次洗衣服前摇匀，然后在衣服上倒一小杯。

自制洗衣液每升的成本是购买价格的三分之一。起初，你可能会觉得投资有点贵，但你这些原材料可以使用好几个月，从中长期来看是划算的。

柔顺剂

白醋是一种天然的柔顺剂，倒半杯白醋到洗衣机的柔顺剂槽里。不要担心，它不会给衣服带来怪味，也不会使衣物褪色。

10 ~ 15 元 / L

白醋

5元 / L

白醋的价格是每升约5元，而传统的柔顺剂的价格是每升10 ~ 15元。

零浪费妙招

对于白色的衣物，你可以用一大勺过碳酸钠直接倒在衣服上。它的化学反应会使衣物洁白。如果你的衣服有污渍，可用黑皂或马赛皂擦洗。

洗衣除臭剂

- 视喜好选择10滴精油
- 60毫升白醋
- 2小勺70%酒精
- 1个喷壶

在喷壶中依次倒入以上成分，随后加满水。每次使用前摇匀，喷在你的衣服上，就可以获得更多的清新甜蜜的味道！

零浪费妙招

注意：如果你在孕期或哺乳期，或有年幼的孩子，不建议使用精油。可在白醋中浸泡柑橘皮10天，以代替精油。它们会给你的准备工作带来一种甜美的香气。

零浪费
行动表

　　你在居家清洁零浪费这方面取得了什么进展？请勾选你已经做过的所有事情，你就会知道你是蜂鸟（新手）、学徒（进阶）还是零浪费英雄（经验丰富）。

一级——蜂鸟	
我把有毒的清洁产品送到垃圾回收站（所有带有毒标记的）。	
购买清洁产品时，我会选择贴有环保标签的。	
我每天至少给房子通风10分钟。	
我不在家抽烟。	
我不烧香薰蜡烛。	
我用白醋作为柔顺剂。	
我用白醋除垢。	

二级——学徒 ☒

我用完传统的清洁产品就不再购买了，我会自制一个更环保的替代品。	
我自制多功能清洁剂。	
我用天然管道疏通剂疏通下水道。	
我用天然清洁产品打扫厕所。	
我自制除臭剂。	
我自制洗碗粉。	
我自制洗衣液。	
我用自制手编清洁球代替海绵。	
我买了一个洗碗刷来刮盘子的油垢，用蛋壳粉代替海绵的"刮"面。	
我用节水的方式洗碗。	

三级—— 零浪费英雄 ☒

我用自然的方法来为衣物除臭。	
我用碳酸钙清洁沟槽。	
我用可水洗厨房清洁布，而非一次性的。	
我用过碳酸钠漂白衣物。	
我把净化植物放在我的房子里。	
我为我的房子选择环保涂料。	
我买二手家具和装饰品，以限制清漆、油漆中有毒颗粒物的排放。	

现状

工作

出行

日常生活知识

聚焦数字化污染

成为电子清洁专家　　　　　聚焦学校

妙招

办公室零浪费15招

零浪费行动表

工作

现状

◇◇◇◇◇◇◇◇◇◇◇◇◇◇◇

工作

　　无论是越来越多的出行，还是使用纸张甚至是数字设备，我们的工作都对环境有所影响。

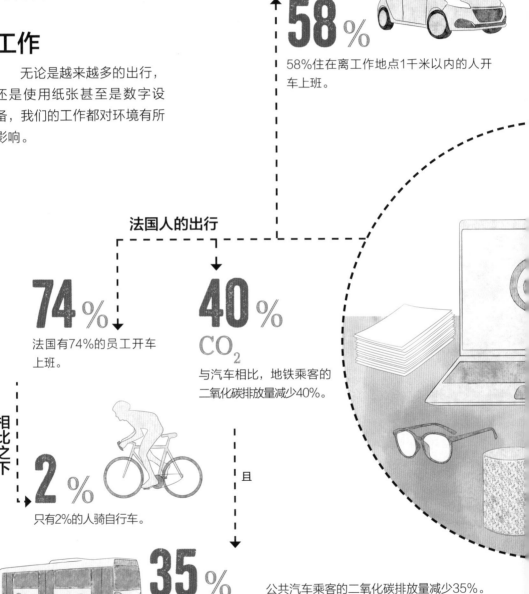

58%

58%住在离工作地点1千米以内的人开车上班。

法国人的出行

74%

法国有74%的员工开车上班。

40% CO_2

与汽车相比，地铁乘客的二氧化碳排放量减少40%。

相比之下

2%

只有2%的人骑自行车。

且

35% CO_2

公共汽车乘客的二氧化碳排放量减少35%。

120 ~ 140 kg

3/4 其中四分之三的垃圾是纸!

1名员工

平均每年1位员工在工作场所产生120~140千克的垃圾。

900 000 吨

办公室员工每年产生90万吨废旧纸张。

工作场所垃圾

90% 水

与传统纸张相比,再生纸可节约90%的水。

35%

在法国,35%的垃圾被回收。

1次上网搜索

一次上网搜索的耗电量相当于一个100瓦的灯泡点亮一个小时。

且

50%

节约50%的电。

2% ~ 4%

全球2%~4%的二氧化碳排放是由数字化活动造成的。

> 50%

可以减少超过50%的二氧化碳排放量。

现状

出行

我们的日常活动带来了污染与垃圾：交通、工作或学习活动，日常的外卖与咖啡所带来的垃圾，交通过程中产生的碳排放以及大量使用办公用品……我们有能力控制这种消费！

随着越来越多的人（以及越来越懒的我们）能够使用汽车，即使是非常短的距离，开车去成了人们的第一反应。然而，ADEME（法国环境及能源管控署）2015年出版的《优化出行方式》（ *Optimiser ses déplacements* ）报告显示，在城市里，骑自行车比开车要快。自行车平均时速15千米，而汽车平均时速14千米……这还没算上一圈一圈找停车位的时间。你不喜欢自行车吗？如今，对于城市居民来说，有很多比私家车更环保的选择。共享单车、顺风车、拼车、有轨电车、公共汽车、步行专用道……都使出行更加便捷以及可持续，每个人都可以找到适合自己的出行方式。城市交通造成了许多干扰，首先是温室气体和颗粒物的排放，其次是噪声污染和空间饱和。城市空间已经饱和，这对城市居民的生活质量有很大的影响。这不正是迈开腿的时候吗？

发现

电动汽车是个好主意吗？

电动汽车需要稀土来制造。越来越多的稀土被开采，分类和精炼的过程污染十分严重。最终，制造一辆电动汽车所需的能源是传统汽车的3~4倍。此外，因充电桩所使用的电力来源不同，其影响也有所差异。

在法国，电动汽车实质上还是核电汽车；在德国，简单地说，就是煤电汽车。也许法国国内的碳排放量更低，但大规模的污染已经转移到开采国。毫无疑问，在交通方面，解决方案在于适度、公共交通以及"软"出行（自行车道、城市步行区等）。

从源头重新思考我们的行为

在一致性的问题上，我们只有经过自我审视之后，才能去考虑工作与学习活动对世界带来的影响。我的工作对社会有什么影响？我在学习什么？我所学习的系统法则，是否导致生物多样性崩溃和空前的不平等？

试着反向思考，审视自己的价值观，试着用你的信仰来衡量你的日常活动。在你的激情、能力与品质交汇的地方，你会发现你的生活的价值，发现你存在的理由。幸福感来源于知行合一。

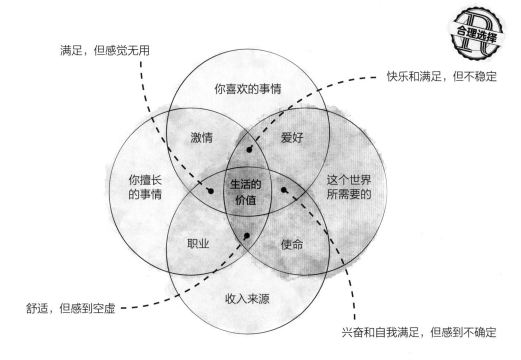

要做到这一点，请把你喜欢做的事情写在纸上，不是一个名词，而是一个动词。"生命的动词"，萨拉·鲁巴托（Sarah Roubato）在她的书*中说。激励、帮助、创造、交流、寻找、疗愈……找出与你产生共鸣的人，让他们成为你选择的源泉。直面那些你认为社会所缺乏的东西，结合你的天分、能力和知识，你或许就能发现想做的事情。因此，在第5年的学习中我意识到，相对于成为一个管理者，成为一个可持续农业生产者并组织那些"激发"和"实现"（改变）的讲座更能带给我真正的快乐。

---

* 给青少年的信（Lettre à un ado），出自《寻找你生命的动词》，La Nage de l'Ourse出版社，2017年。

办公室零浪费15招

1 用你自己的杯子接咖啡。

2 比起塑料瓶，更多地用自己的水壶。

3 转向可重复使用的午餐餐具，可以带饭上班或者自备餐具：玻璃保鲜盒、午餐盒、装三明治的布袋、餐具和可重复使用的杯子。

4 限制打印：总是用黑白双面打印，如果可能的话，每张纸打印两页的内容。

5 定期清理你的邮箱（第157页）。

6 印制名片请选择环保纸。

7 通过短信发送你的名片。

8 定制电子签名。

9 不要拿别人的纸质名片，用电子设备收名片。

10 在办公室把你的垃圾分类。对于雇员超过20人的公司来说，这应该是强制性的。选择清晰和详细的分类说明，以避免错误。

11 收集废弃的钢笔、记号笔、荧光笔……以便回收。

12 为只用过一面的纸张设置一个草纸盒。

13 收集打印机墨盒,以便回收:

- 寄给专门回收空墨盒的公司。
- 送回给您的供应商(办公室寄存处、专业商店等)。
- 不要扔进垃圾箱或垃圾场,因为它们需要特殊处理。

我的经济学

一杯普通咖啡(杯子、包装、搅拌棒、糖包)的价格约为20元,

¥ 20

14 收集有机垃圾:确定适当的堆肥解决方案。

而一杯零浪费咖啡(咖啡壶、可重复使用的杯子/勺子)的价格为8元,

¥ 8

15 收集烟蒂:与相关协会或组织合作,可以将烟蒂回收再利用,最重要的是,帮助避免大规模的污染。

几乎便宜了60%。

60%

零浪费信息

让烟头分类对员工来说变得有趣。设置"触发机制",这是一种可以鼓励你以一种有趣的方式来改变行为的装置。例如,安装2个用作烟灰缸的透明盒子,然后问一个有参与感的问题。例如"巧克力面包还是面包夹巧克力?"或者"最传奇的世界杯是1998年还是2018年?"在每个盒子上写上答案,并鼓励吸烟者用烟头投票,而不是将它们扔在地上。这样烟头就被扔到箱子里了。

聚焦数字化污染

数字化污染来自新兴信息及通信技术。这是一种具有真实影响的虚拟污染。例如，信息产业占世界用电量的12%！

网络运转

$+$

数据存储

$+$

工具制造

$=$

全球二氧化碳排放量的

2 % ~ 4 %

例如：一台电脑约有1500千克的生态负荷，由于它是由稀有金属制成的，对环境影响巨大。

数字化是：

4 500 万
4500万台服务器

37 亿
37亿互联网用户

8 亿
8亿网络设备

4 400
122个国家的
4400个数据中心

1个数据中心平均每天消耗的能源相当于3万欧洲家庭的能源消耗，以满足24小时的电力需求，尤其是冷却需求。

该如何减少数字化污染？

- 减少我们对技术工具的使用。
- 鼓励企业使用基于可再生能源的环保数据存储设备。
- 延长信息工具的使用寿命：1985年，计算机的平均使用寿命约为10.7年，而现在缩短了75%！
- 限制流媒体、视频浏览、软件等的使用时长。
- 减少以及管理你的电子邮件（第157页）。

- 减少网上搜索：如果你知道你想去的网页地址，请直接访问，而不要通过搜索引擎去访问。
- 例如，在移动硬盘上存储尽可能多的本地数据。根据《数字生活不为人知的一面》（ *La face cachée du numérique* ）中，ADEME在2018年11月的一项研究显示，这项举措使得与访问网站相关的温室气体排放量减少了3/4。

成为电子清洁专家

这比成为"邮箱分类专家"更有范儿！

注意附件！

1 封电邮
$=$
平均排放 19 克二氧化碳

零浪费妙招

"云"也是一种能源密集型的存储工具。如果你需要存储数据，为什么不使用U盘或移动硬盘呢？

" 我们每个人平均每年用传统的电子邮箱产生130千克的二氧化碳。我指的是成千上万的附件，这些附件从未被使用过，而且消耗了不必要的服务器能源。"

7招减少电子邮件的数字化污染

1. 整理邮件。

2. 优先删除占用大量空间的邮件。

3. 不要忘记其他文件夹（以及你的"已发送"邮件箱、垃圾邮件和草稿箱），那些数据被无意义地存储了起来。

4. 取消订阅广告邮件，而不是不断删除它们。如果你不再收到它们呢？这就减少了广告的诱惑，也减少了在不打开广告的情况下删除广告的时间。当你缺少一件东西时，不需要一封促销邮件告诉你。

5. 只有在必要的时候才发电子邮件，避免用电子邮件聊天：我们发明了一种更快、更方便的东西——电话。如果是为了几个小时的沟通，就开个真正的会议，这样也很棒。

6. 避免"回复所有人"，选择直接相关的人。

7. 只有在必要时才添加附件。当您发送电子邮件时，请确保精简附件，包括带有图片和其他复杂链接的职场签名。

聚焦学校

从幼儿园到大学，在学校生涯的每个阶段都有可能减少对环境的影响。

选择合格的环保办公用品

- 欧盟生态标签（EU Ecolabel），蓝色天使（The Blue Angel），北欧生态标签（Nordic Ecolabel），NF environnement，Paper by Nature，FSC，PEFC，白天鹅（le cygne blanc）。它们保证选用再生材料、可循环使用及/或来自可持续管理的资源。

- 优先选择无溶剂、无漆、天然、无色的产品。

- 请先从检查你的柜子开始，清点你已有的东西，只买真正需要的。

- 如果需要额外的产品，请优先选择二手的，包括您的计算机。

- 选择污染较少的材料：纸制品优于塑料。避免用塑料书皮。

 零浪费信息　有一种纸做的笔以及可种植的彩色铅笔。它们的末端带有种子而不是橡皮！

课本及参考书

- 购买二手书。
- 直接从图书馆借阅。
- 使用后捐赠给有需要的公益机构。
- 使用后在二手平台出售。

网上搜索的影响！

37 亿

2017年3月，全球有37亿互联网用户
（约占世界人口的50%）。

9.9 kg

每名用户每年排放9.9千克二氧化碳。

1 次网上搜索

=

7 g 二氧化碳

减少你上网时的生态影响

- 在搜索过程中，通过使用特定的关键字和避免键入错误来减少搜索页面的数量。
- 在可能的情况下，直接在导航栏中输入网址（使用收藏夹，但要精简）。

选择一个负责任且可替代的搜索引擎

零浪费
行动表

你在工作零浪费这方面取得了什么进展？请勾选你已经做过的所有事情，你就会知道你是蜂鸟（新手）、学徒（进阶）还是零浪费英雄（经验丰富）。

一级——蜂鸟 ✕

我减少了打印行为。

我用黑白双面打印。

我系统地回收纸张（没有撕碎或折皱）。

我把只用了一面的纸收集在一起作为草稿纸。

我减少了办公用品的消耗。

我把笔芯用尽。

我买二手书。

我从图书馆借书。

我买有环保标签的办公用品。

在采购办公用品前，我会清点还剩哪些东西。

我买二手电子设备（电脑、打印机等）。

我定期整理我的邮件。

二级——学徒 ✕

我鼓励公司为员工提供玻璃、陶瓷、不锈钢杯子，并告知公司有可能省下的费用，以便取消一次性杯子的使用（塑料杯和纸质杯）。	
我在桌子上放了一个咖啡滤壶来代替胶囊咖啡机。	
我建议收集咖啡渣，并提供给有花园的同事施肥。	
我建议公司实现双面打印的自动化。	
我把不用的书送给公益组织。	
我安装了一个符合道德生态负责任的搜索引擎。	

三级——零浪费英雄 ✕

我在工作的地方建立了一个垃圾分类系统。	
为了提高员工的意识，我在办公室组织了一个零浪费研讨会。	
我将咖啡机替换为咖啡滤壶。	
我建议在办公室收集有机垃圾，并安置了小型蚯蚓堆肥箱。	
我在公司的一些地方（阳台、露台、屋顶）建立了一个共享花园。	
我的公司参与了收集和循环利用墨盒的计划。	
我在办公室的屋顶上放置了一个蜂箱。	
我正在寻找一份符合我环保价值观的工作。	

社交休闲

现状

◇◇◇◇◇◇◇◇◇◇◇◇◇

社交休闲

如果你不是过着苦行僧般的生活，就必须意识到地球为我们的社会生活、出行和休闲付出的代价。

880万根

仅在法国快餐行业，每天就有880万根吸管被扔掉。

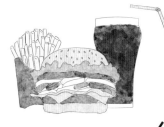

每天都在浪费

14%

法国14%的食物浪费是由餐饮业造成的。

1500万吨

每年浪费1500万吨吸管。

1艘停泊的游轮

一艘停泊的游轮造成的污染（颗粒物与二氧化氮）相当于100万辆汽车造成的污染。

100万辆汽车

游轮浪费

3 000 倍

船用燃料油的含硫量是汽车柴油的3000倍。

5 km

游轮可在离海岸5千米处，合法地将未经处理的废水排入海洋。

250 000 L

世界上最大的游轮"海洋和谐号"（Harmony of the seas）每天使用25万升这种高污染燃料。

航空污染更甚！

3 %

民用航空的二氧化碳排放量占全球二氧化碳排放量的3%。

> 9 倍

头等舱乘客产生的二氧化碳是二等舱乘客的9倍（使用空间、空隙、设备重量等）。

我的零浪费装备

在日常生活中，垃圾一个接一个，而且看起来都不一样。地铁入口处的传单，面包店的牛皮纸袋，鸡尾酒里的吸管……我们想坚持的价值观和愿望被繁忙的生活冲淡，没关系，只需要一点准备就足以应对所有情况。

习惯有着顽强的生命力

改变一个人的习惯看起来如此复杂，那是因为大脑很难搞。我们要知道：一种行为的重复创造了习惯。在大脑认知的小片区域里产生了一个"神经沟"，动作重复得越多，路径就越强。想象一片森林，在森林深处，地面上没有路，而行人走的路越多，路就越清晰。创造一种新的习惯就是创造一条平行的路径，一条新的路径。因此，我们必须一遍又一遍地重复新的行为，直到它完全扎根，不再需要任何额外的努力。创建一个新的神经沟需要重复大约90次，不要放弃。

我自己也是花了几个月的时间养成这些习惯：点鸡尾酒不要吸管，买面包不要包装，以及更多的时候不再购买快时尚品牌，去餐厅的时候想着自备打包餐盒，选择坐火车而不是飞机（即使有时候坐飞机更便宜）。一开始，你可能会发现有些步骤很困难。这种生活方式一旦确立，渐渐地，你就会看到它是多么自如、健康和轻松。最重要的是，偶尔忘记买没有包装的面包并不意味着你的努力是徒劳的。追求完美是会适得其反的，因为它是不作为的根源。与其指责我们的错误（或别人的错误），不如让我们为能把价值观带到日常生活中而感到自豪！

零浪费信息　在法国，每年有200亿张纸巾被扔掉，在美国有3000亿张。

我的经济学

瓶子、吸管、纸巾：如果你觉得它们的可重复使用的替代品很贵，那就想一下：它们可以使用好几年！从长远来看，这是非常经济的。这就是所谓的环保经济学：环保＋经济。

我包里的必备物品

为了对抗日常生活中的这些小垃圾，我会随身携带以下这些物品。

- 1个水壶（最好是不锈钢的），避免使用塑料瓶。

- 自制润唇膏：配方见第83页。

- 1根不锈钢/竹子吸管：当一杯饮品出现在你面前时会用到。

- 1~2个用于临时采购的散装食品袋：面包店的面包，一些水果等。

- 一包布手帕：有一种小包装的布手帕，里面有几块边长为20厘米的手帕，还有一个专门设计的夹层，可以让手帕一直使用到下次清洗（煮5分钟，然后再清洗）。如果需要的话，现在也有布艺餐巾。

餐厅的5个零浪费技巧

在法国，餐饮业每年浪费150万吨的食物。
这还不包括每天扔掉的垃圾：盘子、碟子、塑料杯、吸管、纸巾。
是时候控制损失了。

做好准备

要想在餐厅里做到零浪费，一定要随身携带：

- 自带的保鲜盒，以代替打包盒
- 餐巾或手帕
- 可重复使用的餐具
- 不锈钢吸管

点你的"全裸"咖啡

建议在餐厅点咖啡时，不要饼干和糖包。如果你喜欢咖啡里的糖，在你的包里放一个小糖罐。

点饮品

"不要吸管，谢谢"这真的是一个挑战。我经过多次不同的尝试，最有效的方法似乎是直接把自带的不锈钢吸管交给服务生，然后放进你点的饮品里。

选择符合你价值观的餐厅

选择使用当地、应季、有机食品和蔬菜的餐馆。

宽容一点

养成习惯很难，也有可能会失败。但是，服务员不是为了逼疯你而把吸管放进饮品里，他只是顺手放进去的。这种情况常常发生，不要因为制造了垃圾就不舒服。从这种情况中学习，然后再做尝试，享受当下。

放下吸管！

2050年，海洋中塑料的数量将超过鱼类。中国、美国、加拿大和欧洲国家正在采取行动减少一次性塑料，但只有大规模动员才能产生影响。作为"一切皆可扔"的社会象征，吸管是一种习惯，而不是一种必需品，所以要学会远离它。

10 亿根
全球每天使用10亿根吸管。

880 万根
仅在法国，快餐行业每天扔掉880万根吸管。

5 圈
足够绕地球5圈。

2 倍
法国边境长度的2倍。

是时候采取行动了

塑料吸管最后通常都会流向海滩和海洋。然而，它们并没有消失在自然界中。塑料会破碎，动物（海洋生物以及鸟类）会把它们与食物混淆而误食。如果我们吃鱼，这种塑料就会出现在我们的餐桌上。那些没有被动物吸收的垃圾，则进入了每年排入海洋的800万吨塑料的行列——相当于每分钟排入一大车塑料垃圾。如果我们把它们扔进垃圾桶，因为很小很难被回收，也会造成资源的浪费。

只是少用一根吸管

改变这种习惯完全取决于我们。其实有替代品，如纸吸管。但应当优先选择可重复使用的吸管，如竹子、不锈钢吸管等。你也可以不用它们，只要点一杯"不需要吸管"的饮品就可以了。"放下吸管协会"（Bas las Pailles）鼓励酒吧和餐厅只按需供应塑料吸管，并在其网站上列出了做出承诺的餐厅地址。

我们可以一起成功

法国是联合国"清洁海洋"运动的成员，2020年，法国开始禁止使用一次性杯子、盘子、吸管以及塑料棉签。不要等待，现在就行动。吸管的浪费使我们反思塑料的过度消费。让我们关注日常用品，以便更好地改善我们的习惯。

制作零浪费礼物

送一件既符合你的价值观，又让他人喜爱的礼物，并不总是一件容易的事情。这里有一些建议可以帮助你。

1. 注重共同度过的分享时刻，而不是一件实物，比如：

- 音乐会门票
- 一场比赛
- 体育比赛的决赛门票

2. "好礼物"。帮他/她实现想要做的事情，比如：

- 与爷爷/奶奶一起学习5门手工课程
- 与爷爷/奶奶一起上1门缝纫课程
- 在床上吃早餐
- 恋爱中的晚餐
- 一个"飞行模式"之夜（手机关机）
- 睡衣之夜
- 系列电影马拉松（如《哈利·波特》《星球大战》等）
- 大三元：电影—爆米花—电玩
- 足部按摩
- 自制饼干
- 野餐（即使在冬天）
- 周末郊游

3. 不用做那些他/她通常不情愿做的事情，比如：

- 不用洗碗
- 今天什么都不做
- 去公婆家

4. 如果要送实物，那就：

选二手礼物吧。

5. 自己动手做礼物

毛衣，定制面霜，自制润唇膏，自制酱菜，果酱……还有什么比亲手做的礼物更让人感动的呢？

6. 超越传统

问问你自己：你为什么要送礼物？收到的人是不是真的开心？如果不是，也许是时候对送礼物提出质疑了。

零浪费礼物食谱：小甜饼

- 1 小勺小苏打
- 100克黄糖
- 200克面粉（白色，T65型）
- 100克黑巧克力粒
- 3大勺玉米淀粉
- 1撮盐

做法：

把所有的东西都倒进一个密封罐里，先放小苏打。

（可在罐上注明）

1. 打开罐盖。

2. 把罐里的东西倒进沙拉碗里。

3. 在小苏打上加入几滴苹果醋或柠檬汁，混合物必须起泡，然后搅拌。

4. 然后加入3大勺温水，2大

勺植物奶和60克中性植物油（葵花籽油……），揉成面团，再用模具制成相应的模型。

5. 180℃烘烤10～12分钟。冷却后即可食用。

黄金拿铁

- 1个梨
- 1个豆蔻
- 1块生姜
- 2勺香草糖
- 2根肉桂
- 4小块姜黄（注意，这会留印子）

做法：

把所有的东西都倒进罐子里，盖上，就完工了！

在平底锅中加热20毫升的植物奶，在沸腾前关火，加入一小勺黄金拿铁。轻轻搅拌即可食用。喜欢甜味的可以加入枫糖浆。

必修课：

我的零浪费旅行箱

对于一个极简主义者的旅行箱，在化妆品、卫生用品和护理用品方面，应优先选择多功能的天然产品。

☐ **购物组合**

环保袋，一块大的餐巾（用来包三明治或当作小桌布等），一个盒子（不锈钢、玻璃或其他材料制成）

☐ **一包手帕**

☐ **水壶和滤水吸管**

（过滤杂质以避免污染）

☐ **杯子**（最好是不锈钢的）

☐ **可重复使用的餐具**

（木材、不锈钢、硬质塑料）

我的旅行化妆包

☐ **马赛皂**

（也可用于洗手和洗碗）

☐ **洗发皂**

（用马赛皂也不错）

☐ **便携肥皂盒**

（肥皂湿了也很方便携带）

☐ **牙刷**

☐ **牙膏粉**

（配方参见第82页）

☐ **自制润唇膏**

（配方参见第83页）

☐ **木制梳子**

☐ **头发干洗剂/一罐小苏打**

自制头发干洗剂的配方参见第83页。

小苏打是一种天然的头发干洗剂。把它撒在你的发根上，让它渗透几分钟，然后梳理，头发便不再油腻。

☐ **挖耳勺**

☐ **植物油**

（荷荷巴油、椰子油等）

☐ **芦荟**

☐ **薄荷精油/虎标万金油**

薄荷精油的使用方法/优点，参见第90页。

☐ **自制防晒霜**

（第177页）

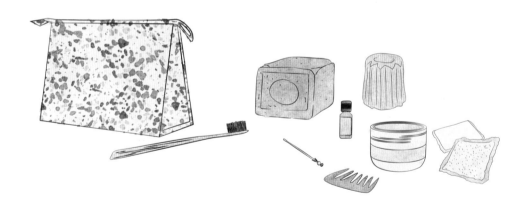

户外装备

- 请考虑现场租赁帐篷、睡袋、煤气灶等各种装备。如果是偶尔用一次的装备，你还不需要为它们支付额外的飞机行李托运费。

- 在二手网站上，你可以很轻松地买到二手背包和登山鞋。

9个可持续旅行的技巧

你会注意到标题不是"可持续旅游"。旅游和旅行是两个不同的东西：旅游是消费，旅行是学习。

体验"小"冒险

出游并不一定意味着去世界的另一端。发现自己国家的美，不同地区的风貌，你会被他们吸引。中国就是世界上最美丽的国家之一。

认识新朋友

优先选择共享空间，而不是自己窝在酒店。因为这些地方的碳排放要小于酒店（从公共空间、共享用具等方面考量）。

如果你选择住酒店

- 请把那些免费的一次性用具还给前台。
- 声明你不需要每天更换毛巾。
- 找一家符合你价值观的酒店（绿色酒店、太阳能酒店……）

带着价值观去旅行

像平时的生活一样。限制自己扔垃圾，尽可能购买散装食品，多吃素食，把垃圾扔进垃圾桶，发现随地乱扔的垃圾也捡起来。

优先选择二手货

旅游指南、地图、露营用品……请买二手的。

为了避免积攒或扔掉那些不必要的地图，专门的地图APP是更好的选择。

负责任地消费

相对于大超市，多去逛逛当地的小市场或者手工作坊，这会给小型企业（而不是跨国大牌）带来活力。拒绝有争议的产品：活体动物，稀有及濒危动植物制品（象牙、珊瑚、兽皮……）。

度过有启发性的、有教育意义的、有援助性的并且有人道主义的假期

探访采取强有力的措施保证生态环境的村庄、城市和国家。你甚至可以选择徒步旅行，睡在当地居民家里，或者在徒步旅行中重新发现大自然。在一个"没有土地"的社会里，最好记住什么是最重要的。你还可以在某些有机农场做志愿者来换取食宿，同时学习可持续农业的做法。

帮助保护生物多样性并支持动物事业

拒绝动物骑行，拒绝抚摸狮子（被麻醉得瘫软无力），拒绝与猴子和被束缚的其他动物合影。不要去看海洋动物表演。如果你真的喜欢动物，那就选择去动物保护区。

慢慢来

我们如此渴望看到世界，但我们并不总是花时间去欣赏这些旅行时刻。放慢脚步，让我们沿着小路漫步，而不仅仅是在"打卡地"停留几个小时。让我们离开经典线路，去发现未知的文化和风景。放下相机和手机，不要给人与人之间的接触设置障碍。让我们真正地去享受那些我们想要留住的美好时光，而不仅仅是用电子设备记录它们。

阳光大作战

我们需要保护自己不受阳光的伤害，但防晒霜并不总是最好的，也不总是最环保的"武器"。我们有更优的选择。

植物精油

它们天然防晒：

- 胡萝卜油（SPF 45）
- 覆盆子油（SPF 28-50）
- 卡兰贾油（Karanja）（SPF 25～35）
- 鳄梨油（SPF 15）

面对太阳时，对自己负责

- 避免在最热的时候暴露在阳光下
- 遮住头部，避免面部暴露。阳光会加剧皮肤的老化，谁想要这样呢
- 定时补充水分

发现

巨大的污染

防晒霜对水生生物无疑是一种毒药。每年有多达14000吨的防晒霜沉积在珊瑚礁上。

它们所含的物质使珊瑚白化，附着在珊瑚上，使珊瑚变硬，限制珊瑚生长，导致珊瑚死亡。在法国，国家授权国家卫生安全机构（ANSES）识别这些防晒霜中目前最有害的物质，以便将其去除。一些紫外线过滤成分也会限制浮游植物的生长，浮游植物是海洋食物链的基础，也是我们呼吸氧气的主要来源。

浮游植物是真正的"地球之肺"，我们必须多加关注。我们的零浪费防晒霜（见177页）中所含的氧化锌具有抗紫外线的作

用，但它也会破坏珊瑚赖以生存的藻类。因此，如果你想在阳光下待15分钟以上，最好是不涂防晒霜去游泳，之后只在沐浴后涂上一层。不要忘记可以利用树荫、遮阳伞等，衣服也可以很好地抵御紫外线。有了这些措施，你就不会污染海洋了。

DIY
自制零浪费防晒霜

80毫升容量

- 30克椰子油（SPF 8）
- 5克蜡（大豆蜡、蜂蜡）
- 30克可可油或乳木果油

- 氧化锌，1克对应一个防护等级。SPF 30请放入30克
- 10小勺维生素E，约10滴，以便于长期储存（可选）

1 将除氧化锌外的所有配料放入容器中，搅拌均匀，隔水加热。

2 关火，加入氧化锌（和维生素E），继续搅拌。如果膏体太稠，可以加一点植物油。

3 之后放在一个有盖的罐子里，避光干燥保存。

零浪费提示 注意！氧化锌会产生有毒气体，小心处理，尤其是不要吸入烟雾剂。

要不要乘坐飞机

民航业的碳排放占全球的近3%。这是一个很大的数字，虽然不能否认在几个小时内穿越海洋的舒适性，但我们需要警惕后果，并寻找飞机的替代品。

一名乘客每千米排放的二氧化碳

飞机 **火车**

134 148 克 vs 2.6 克

一个"不幸"的记录

202 157 架

2018年6月29日，有202157架飞机在空中飞行。

该怎么办？

- 减少乘坐飞机的次数。近年来，飞机票变得如此便宜，以至于买机票就像买地铁票一样容易！但现在至关重要的是减少使用这种过度污染的交通方式。不管你是素食主义者，还是每年只扔一瓶垃圾，如果你在6个月就坐8次飞机环游世界，那你离"零浪费"还很远。因此，再次强调一遍，关键在于节制。

- 重新规划你的旅行，采用更可持续的交通方式：火车、自行车、轮船……

明智地乘飞机

避免坐飞机的情况

- 可由电话会议代替的工作会议。
- 可通过火车或公共交通到达的目的地。

应权衡利弊的情况

- 花很多时间，但可以让你真正了解目的地国家的旅行。
- 涉及重要的个人和职业机会。
- 你在活动现场的积极影响可能超过乘坐飞机的影响：比如讲座、唤起环保意识的活动……

6个减少乘坐飞机对环境影响的技巧

 不要打印你的登机牌——如果你的手机上已经有了。

 尽可能地拒绝：餐具、塑料杯、一次性耳机、毯子等。不要忘记带上你经常会用到的东西来替代这些。

经济舱旅行：根据世界银行（World Bank）的数据，头等舱乘客产生的二氧化碳是经济舱乘客的9倍（使用的空间、公共区域、设备质量等）。

 至于飞机餐，即使你不要，它也肯定会在到达时被扔掉……在这种情况下该怎么办？不管你吃不吃，花点时间和航空公司谈谈你的烦恼。如果我们有成千上万的人提出一种新的制度，如选择性预定餐食（就像一些包机航班上已经实施的那样），或是有素食选择，也许我们可以改变所有航空公司的餐饮模式。

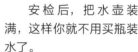 安检后，把水壶装满，这样你就不用买瓶装水了。

 通过专门的气候网站*来抵消你旅行带来的碳排放。

世界上只有不到10%的人口乘坐过飞机。

但受这种交通方式发展所带来的气候变化影响极大的，却主要是没坐过飞机的人们，如机场基础设施用地、噪音、大量的环境污染等。

 零浪费信息

没有什么是非黑即白的！虽然我们很容易放弃我们认为无用、昂贵和有害的东西（过度消费、一次性用品……），但有些选择是困难的，需要真正的思考和良知来践行。我认为完全放弃飞机确实是不容易的。

---

*：有了高碳排放的消费行为后，可在这些气候网站上计算碳排放，并捐赠对应金额，以支持生态环保事业，实现碳中和。——译者注

零浪费
行动表

　　你在社交休闲零浪费这方面取得了什么进展？请勾选你已经做过的所有事情，你就会知道你是蜂鸟（新手）、学徒（进阶）还是零浪费英雄（经验丰富）。

一级——蜂鸟

我保证少坐飞机。	
坐飞机时，我选择经济舱。	
只要能坐火车，我就不再坐飞机了。	
我一年只坐一次或不坐飞机。	
我优先去离家较近的地方度假，发现自己国家的美景。	
我用水杯接水喝代替瓶装水。	
我买二手设备。	
我旅行时住在环保酒店。	
我在旅行结束时会把剩下的物品捐出去。	
我吃当地的产品。	
我不乱扔垃圾。	
我从不购买用稀有动植物制品（象牙、珊瑚、兽皮等）。	

二级——学徒

在旅行中，我也像往常一样使用我的购物袋。	
我喜欢公共交通方式（火车、地铁、自行车等）。	
我正在学习放慢旅行速度，深度游。	
我租赁需要的旅行设备。	
我购买更环保的防晒霜。	
我用天然的方式保护我的皮肤不受阳光的伤害。	
我远离热门景点。	
我不参加以动物为基础的娱乐活动（与狮子/猴子/蛇合影，骑大象……）。	
我去做环保志愿者。	

三级——零浪费英雄

我反对扩建或新建机场。	
我向恢复植被的项目捐款，来弥补旅行带来的碳排放。	
我自己做防晒霜。	
我正在学习了解旅行目的地的文化。	
我要去面对面了解目的地国家的居民。	
我尝试其他交通方式（帆船、货船等）。	
我支持动物保护区。	
我做有机农场志愿者或去生态村学习可持续的耕作技术。	

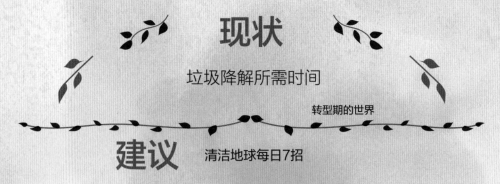

现状

垃圾降解所需时间

转型期的世界

建议

清洁地球每日7招

可持续城市的5个愿景

日常生活知识

抵制

总结

零浪费行动表

集体行动

现状

◇◇◇◇◇◇◇◇◇

垃圾降解所需时间

当垃圾在自然界中能通过生物（细菌、真菌、蚯蚓等）分解时，就被称为"生物可降解"。不幸的是，大多数垃圾并不是这样！此外，在海上发现的80%的垃圾来自陆地。采取行动意味着保护自然和海洋。

生物可降解并不一定意味着环保。请尽量选用可重复使用的产品。在世界上有近10亿人挨饿的时候，使用玉米淀粉制成塑料袋，然后扔掉和燃烧它们，你觉得这正常吗？

渔网：600年

600 年

聚苯乙烯食品容器：50年

50 年

烟头：1~5年

1 ～ 5 年

地沟油：5~10年

5 ～ 10 年

墨盒：400~1000年

400 ～ 1000 年

一次性尿布：400~450年

400 ～ 450 年

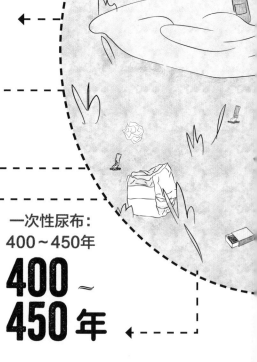

纸或纸巾：3个月

3 个 月

印刷品：2~12个月

2 ~ 12 个 月

易拉罐：50年

50 年

新闻纸：3~12个月

3 ~ 12 个 月

公共汽车或地铁车票：1年

1 年

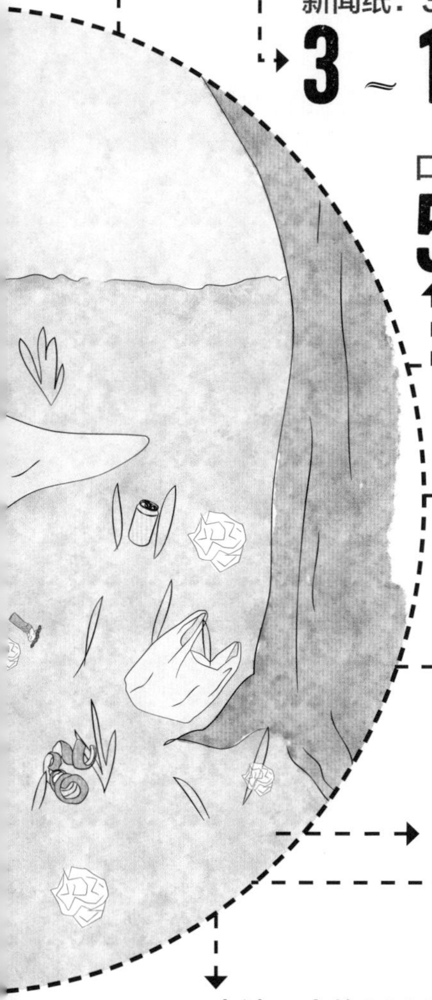

口香糖：5年

5 年

火柴：6个月

6 个 月

纸箱：5个月

5 个 月

塑料瓶：100~1000年

100 ~ 1000 年

玻璃瓶：可达5000年

可达 5000 年

果皮和果肉：几天到六个月

几天到 6 个 月

电池：大约8000年

8000 年

塑料袋：450年

450 年

清洁地球每日7招

　　我们每天都能看到：我们的街道上到处都是垃圾，就像互联网上到处都是cookie文件一样。包装、瓶子、纸箱、易拉罐、吸管以及十分具有破坏性的烟头被随意丢弃，没有机会回收或再利用。让我们从身边小事行动起来，而不是坐以待毙。

　　我们应该每天随手清理遇到的垃圾。你甚至可以组织一场公共清洁活动，在你能力所及的范围内清洁环境，并让你所在城市或社区的人们意识到这样做的重要性。怎么做？这里有一些建议可以帮助你。

规划路径
　　行动目标是被忽视的地区和/或通向河流的地区。根据要做的工作量，1~2千米即可。

规划日期
　　选在周末或假期，这样可以让尽可能多的人有时间参与。

联系所属的社区
　　让社区知晓这次活动，并且在收集结束时进行垃圾管理。这将确保最佳和分类的垃圾收集。建议他们提供（可重复使用的）手套、垃圾袋和钳子。

　　在其他情况下，请联系相关的环保组织。

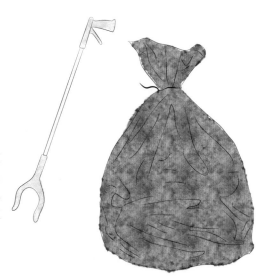

宣传

- 在社交软件创建一个群：邀请你的朋友，让他们分享信息，以及邀请支持你的小组织。

- 建议当地报纸和网站报道这一活动。

- 避免使用纸质传单，特别是打印的。

在社交网络与你的朋友分享经验和影响，让尽可能多的人意识到这一点。

活动当天

让参与者在出发前15～30分钟到达。2～4人一组，每个人携带一个装"所有垃圾"的袋子和一个"可回收垃圾"的袋子，自行组建团队，并要求他们遵循既定的路线活动。

最后，留点时间一起喝一杯（用环保的杯子），祝贺自己，并建立联系。在活动期间拍些照片，然后与所有收集的垃圾一起合影，最后来一张集体照。

抵制

抵制是一种和平的抗议形式。一些品牌的生产方式不符合道德并且对环境不负责任，当我们拒绝购买这些品牌时，消费的力量就会表现出来。我们应选择消费可持续和负责任的产品。

1 次消费 = 1 次投票

"如果我们自身是这些问题的根本原因或理由，那么好消息是，我们也是它们的解决办法。"

——莱文特（Levent），Acar-i-buycott协会的联合创始人

成为"消费行动者"意味着意识到我们个人消费对政策和商业领域的巨大影响，这就是"抵制"的成果。它代表着一种和平的解决方案，即大规模动员企业改变其不道德行为。这个想法很简单，就是拒绝购买与我们的价值观不一致的公司的产品或服务（因为健康丑闻、道德丑闻、税务欺诈等）。更进一步说，你也可以用更可持续的产品来取代你不再购买的产品。这就是抵制！

正如科鲁彻（Coluche）所说，"没有买就没有卖"。我们有能力通过惩罚那些对社会和环境有害的做法，来改变工业。每花一元钱都是在催生新产品，那么正是我们握着该给谁更多发展空间的选择权：选择尊重人权和生物多样性、传承手工技艺、提供更多工作机会的产业；还是选择牺牲基本权利的品牌，或是以神圣资本主义为名的生态系统。

"每次花钱，你都在为梦想的世界投票。"

——安娜·拉佩（Anna Lappe），可持续食品倡导者

可持续城市的5个愿景

因为在能力范围内采取行动，比起与巨大的气候平衡问题做斗争更切实可行，我建议在城市实施以下5个项目。

 食物的奇迹

这是一场参与式的城市农业运动。这个想法很简单：尽可能在城市里种植蔬菜，大家共同照料这些小农场。

 捐赠箱

布置一个可以存放邻居礼物的公共空间，这样每个人都可以根据自己的需要使用：书籍、衣服、小家具、电器、玩具、厨房用具、盘子等。

重复利用

 共享花园

在支持城市农业的理念下，共享花园是由当地人设计、创造和管理的文化空间，他们分享收获的果实。

 集体堆肥

在共享花园里可以集体堆肥，没有花园的人就可以再次利用他们的有机垃圾了。

 集体步行上学

由学校和家长组织的步行上学行动，以促进慢行交通。

对于所有这些项目，请与当地的市政有关部门和环境保护协会联系。

回馈大地

零浪费
行动表

你在零浪费集体行动这方面取得了什么进展？请勾选你已经做过的所有事情，你就会知道你是蜂鸟（新手）、学徒（进阶）还是零浪费英雄（经验丰富）。

一级——蜂鸟 ✕

我每天捡一件垃圾。

我安装了一个负责任的搜索引擎。

我在社交媒体上分享"零浪费"相关内容。

二级——学徒 ✕

我在社交媒体上分享捡垃圾活动。

我参与政府民意调查，并就本地规划事宜发表意见。

我加入了一个环保社团。

我抵制一个或多个不负社会责任的品牌。

我让"食物的奇迹"在身边发生。

我创建了一个"捐赠箱"。

我支持平和的集体活动。

三级——零浪费英雄 ✕

我正在组织我自己的"清洁步行者"聚会。

我善意提醒乱扔烟头或垃圾的人，让他们意识到污染。

我正在寻找被抵制产品的替代品。

我协助管理部门和当地协会建立集体堆肥场。

我有一个平和的集体行动计划。

转型期的世界

◇◆◇◆◇◆◇◆◇◆◇◆◇◆◇

气候和社会的公正，公民和环境的胜利，这些都至关重要，世界公民对它们的积极性与渴望也是强烈的。世界各地的情况都在变化，努力也有成果。我们正在进入一个全新的时代，人道主义、气候和社会都面临着巨大挑战，但我们不会放弃任何东西。

葡萄牙 2018年4月

葡萄牙可再生能源协会宣布，该国大部分的电力来自可再生能源（水坝和风能）。

法国 2018年12月

4个非政府组织对法国政府提起合法请愿，要求其应对气候变化。1个月后，"世纪要务（L'affaire du siècle）"已获得近200万公民的支持，这是法国历史上规模最大的请愿书。2015年，一个荷兰组织已经采取了同样的行动。在2018年10月法院判决之后，荷兰被迫在2020年之前将其温室气体排放量至少减少25％！

巴基斯坦 2014年以来

在巴基斯坦的Heroshah地区，以前干旱的山丘上种植了数亿棵树苗，这是1.6万名种植者在"亿棵树造林"项目下辛勤工作的结果。

俄罗斯 2018年4月

俄罗斯正在建立一个新的自然保护区，占地600万公顷，保护海豹、白鲸和海象等动物。

（资料来源：世界自然基金会）

爱沙尼亚
2018年7月底

为限制私家车出行以及农村人口外流，爱沙尼亚成为第一个几乎在全国范围内免费提供公共汽车出行的欧洲国家。

伯利兹 2018年6月26日

这个中美洲国家，做出了保护世界第二大珊瑚礁的决定，所有石油开采活动都已被禁止。这是当地非政府组织和伯利兹政府的共同胜利。

中国 2019年7月1日

2019年7月1日，上海率先成为中国立法施行垃圾分类的城市。

中国环境保护三大政策：1. 预防为主，防治结合政策；2. 谁污染，谁治理政策；3. 强化环境管理政策。

美国 2018年8月10日

孟山都被判向一名园丁支付2.892亿美元。这一司法裁决为针对该巨头及其臭名昭著的除草剂（草甘膦）的8000多起法律诉讼开了先河。

多哥 2018年

一种有机植物杀虫剂给农业带来了巨大的希望。为了保护植物和消灭害虫，该产品以楝树为基础制成，不含化学添加剂。

总结

◇◇◇◇◇◇◇◇◇◇◇◇◇◇

为了进一步减少我们的碳足迹、扩大我们的影响力，以及实现行动的一致性，这本书还有1000多个其他主题需要讨论。也就是说，你现在有能力减少至少80%的浪费，同时在你的日常生活中节约并享受其中。这已经很不错了，不是吗？但是在本书结束之前，让我给你一些建议。

生活不是竞争

你只需要对自己负责。你读过这本书，如果你想改变你的日常生活，就按照你的节奏去做。从你喜欢的事情开始，当你明白幸福在于保持知行合一时，你会被更高尚的行为所吸引。

幸福是思想和行为的和谐统一。

——甘地

不要追求完美

不要每时每刻都试图做到完美。你本希望传递善意，但有时会适得其反，你的说教显得乏味且引人反感。你当然喜欢零浪费，但偶尔你会在杯子里发现一根吸管，或者在桌子上发现一张一次性餐巾。也没关系的。好消息是，你不需要做到无懈可击才能传达你的理念。每一滴水都对灭火有所帮助。

找到你的平衡点

无法做到尽善尽美并不意味着你什么都没有做。如果你练习体操，你不会因为不能在平衡木翻跟头而放弃。同样地，你已经在减少浪费了。就算每年的扔掉的垃圾还是一个罐子装不下也没关系的。

零浪费不仅仅关注垃圾桶的重量，也是一种生活方式，它给了我们创造梦想世界的手段。重新定位我们的生活，花时间促进社会关系，分享和尊重人与自然资源。

不要害怕失败

你所做的每一件事不一定都会成功。有时一个零浪费的选择适合你，有时根本不适合，你必须找到你的方式。当事情不像你希望的那样发展时，当你忘记带布袋或点了含吸管饮品时，善待自己。想想你所走的路，你所做的努力，你所取得的一切，然后继续前进。从错误中学习。

寻求共同利益

不要认为你个人的抗争更有意义。整个人类都是建立在对其所有资源的严格系统管理的基础上的，我们是这些资源的一部分。我们应该通过合作找到解决办法，而不是挑起争端。如果你退后一步，你会发现气候变化、人道主义挑战和冲突都有同样的根源：人类活动与我们贪得无厌的欲望。我们是人类所有问题的根源与出路。不

> **最终，造成不平等和地球毁灭的原因是这种寻求短期利益的经济体系。**
>
> ——西里尔·迪翁（Cyril Dion）

幸的是，正是我们对世界的管理把自己置于险境。人们常常忘记，我们不是为了拯救地球生态系统努力，而是为了保护我们人类自己。地球终将恢复。我们只需要看看原子弹爆炸后的土地的恢复力就知道了。几十年后，那里出现了大量的动物物种和惊人的生物多样性。大自然显示出一种我们几乎无法企及的韧性。她不需要我们，但我们非常需要她。

要么现在，要么永远不做！

正如马蒂厄·杜布里（Mathieu dumery，法国主持人、演员）所言："现在就行动起来，如果你不这样做，就好像你在点球大战的时候去上厕所。"话糙理不糙！政府间气候变化专门委员会（IPCC）在2018年10月发布的报告中指出，我们只有几年的时间来可持续地减少二氧化碳排放。值得注意的是，自1945年以来，除经济危机期间外，这些数字从未下降。是巧合？我不这么认为。

转变观念

一直以来，我们把经济增长和财富积累作为生活的目标，为在资源有限的世界中无尽地生产与消费，而迷失了自我。怎能不对气候问题追根溯源就贸然采取可持续行动呢？如果要实现《巴黎协定》的目标，并减缓走向崩溃的趋势，我们就必须在全球范围内重新审视现有生活方式，并考虑其他选择。

为此，首先要改变我们的衡量指标。只要GDP（国内生产总值）是唯一严肃的进步指标，只要我们对财富的理解仅限于金钱、积累、生产和占有，我们总会有沦为输家的感受。

附录

制定预算（1）

◇◇◇◇◇◇◇

想证明零浪费可以让你省钱吗？请在过渡期间关注你的支出。在你的电脑上绘制这个预算模板，每月记录，就会看到你的进步和零浪费生活所节约的金额。

月初余额................

收入：

- 工资　　　　　————————— ￥
- 津贴　　　　　————————— ￥
- 其他收入　　　————————— ￥
- 　　　　　　　————————— ￥
- 　　　　　　　————————— ￥
- 　　　　　　　————————— ￥

　　　共计　————————— ￥

固定开销：

- 房租/贷款　　　————————— ￥
- 电费　　　　　————————— ￥
- 燃气费　　　　————————— ￥
- 电话费　　　　————————— ￥
- 水费　　　　　————————— ￥
- 车险　　　　　————————— ￥
- 交通卡充值　　————————— ￥
- 信用卡还款　　————————— ￥
- 物业费　　　　————————— ￥
- 运动花费　　　————————— ￥

　　　共计　————————— ￥

月份：————————————

浮动开销：

- 食物　　　　　————————— ￥
- 汽油　　　　　————————— ￥
- 出行　　　　　————————— ￥
- 食堂　　　　　————————— ￥
- 卫生　　　　　————————— ￥
- 　　　　　　　————————— ￥

　　　共计　————————— ￥

休闲开销：

- 理发　　　　　————————— ￥
- 美食　　　　　————————— ￥
- 服装 /鞋类/ 配饰　————————— ￥
- 家具装饰　　　————————— ￥
- 餐厅　　　　　————————— ￥
- 聚会　　　　　————————— ￥
- 花园　　　　　————————— ￥
- 施工　　　　　————————— ￥

　　　共计　————————— ￥

下月预算

————————————————————————

必需品[*]

————————————————————————

心愿[*]

————————————————————————

————————

*：为了对自己的消费负责，审慎地区分这两项至关重要。

制定预算（2）

预算结余

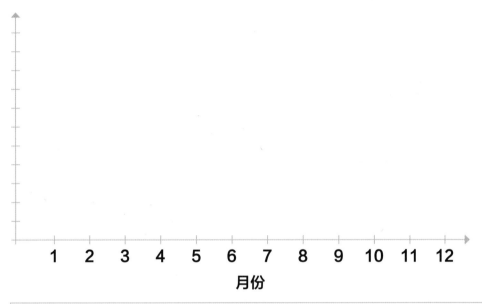

月份

月	我的感觉 记录感受：骄傲，符合你的价值观，还是有点沮丧？为什么？	金额共计

一周购物清单

为了减少浪费，没有什么比详细的比较列表更好的了。把它复制到你的电脑或手机上，每周完成一次。

1. 我的橱柜和冰箱里有：

- _____
- _____
- _____
- _____
- _____

- _____
- _____
- _____
- _____
- _____

2. 我根据厨房里的食材来安排我一周的饭菜：

	星期一	星期二	星期三	星期四	星期五	星期六	星期日
早上							
中午							
下午							

3. 我的购物清单：

（1）有机市场或商店 _____

（2）蔬菜 _____

（3）谷物 _____

（4）豆类 _____

（5）调料（番茄酱、大豆油等）_____
_____

（6）面包_____

（7）奶酪 _____

（8）水产 _____

（9）其他 _____
_____

每周准备工作：批量烹饪

批量烹饪的想法很简单，每周的每顿饭都是在休息日（周日）集中两个小时做好，而不是每天都要做。这可以让你每天吃到家里的菜，节省时间（尤其是在洗碗、准备食材等方面），并通过避免食物浪费来省钱。零浪费的生活方式意味着（重新）进入厨房，从半成品转向原材料。这种方法很高效，但需要提前准备好。

参考198页所列的购物清单。

技巧：我每周的饮食都很灵活，我至少会安排一顿饭吃完剩余的食材，然后出去吃一顿。

烹饪时间：

烘焙

炖煮

炒

蒸

烹饪总时长 .... 批量烹饪的估计时间（得益于同时烹饪）...........................

我需要：

○ 案板

○ 刀

○ 削皮器

○ 擦丝器

○ 电饭煲

○ 蒸锅

○ 平底锅

我的准备工作：

· 洗菜 _____

· 去皮 _____

· 切菜 _____

· 擦丝 _____

· 煮熟 _____

· 搅拌 _____

技巧：冷却后再放入冰箱可以减少电能消耗。

自制产品的
标签模板

复印、剪切、填写并粘贴在自制的物品上即可。

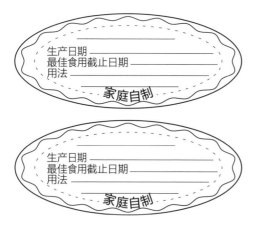

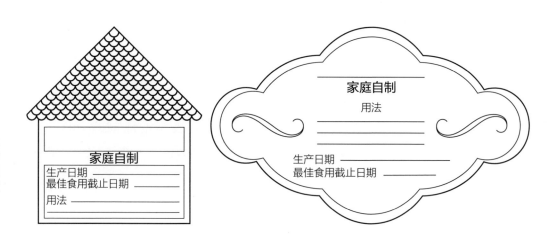

家庭自制

生产日期
最佳食用截止日期
用法

家庭自制

用法

生产日期
最佳食用截止日期

家庭自制

生产日期
最佳食用截止日期
用法

家庭自制
· 生产日期
· 最佳食用
截止日期
· 用法

家庭自制

生产日期
最佳食用截止日期

用法

家庭自制
生产日期

最佳食用截止日期

用法

家庭自制

· 生产日期 ——— 最佳食用
截止日期

· 用法

我的礼券模板

零浪费礼物

复印、剪切、填好后即可送出。

送出这些活动礼券，包括：音乐会、球赛、关机派对、睡衣派对、系列电影派对（《哈利·波特》《星球大战》……）、大三元（电影/爆米花/保龄球）、足疗、烘焙、野餐、周末远足、轮流洗碗、无所事事，去岳父家……

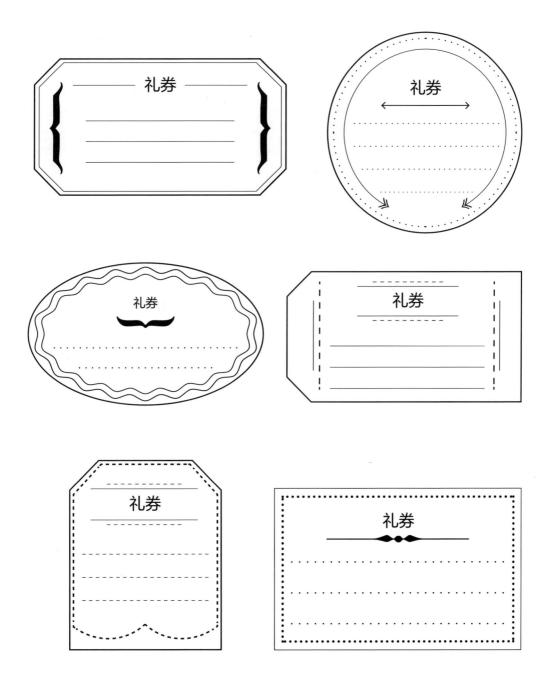

后记

◇◇◇◇◇◇◇◇

首先，我要感谢Corinne Cesano，她在我22岁的时候就相信并支持我的这个项目，以及整个编辑和设计团队的支持。感谢Maëlle Sigonneau的善意和鼓励，感谢Françoise Caille高效的工作以及中肯的建议。

在这一年里，我对那些我遇到的人以及我所能得到的机会表达最深切的感激之情。我很幸运地认识了一些人，没有他们，我的愿景和参与程度肯定会有所不同。有几个人热情参与了这本书的编写，当我觉得精疲力竭时，他们支持我走得更远，也使我每天都有所成长。感谢所有参与改变的人，让世界按照他们的轨道发展，也成为了我每天的灵感源泉：Nicolas Meyrieux, Juliette Eynard, Arnaud Huck, Vincent Verzat, Axel Lattuada, Cemil Sanli, Flojito, Julien Malara, Laurie Debove, Helene de Vestele,

Juliette Grao, Sophie Labruyère, Benjamin Carboni, Monica Da Silva……还有更多人。谢谢他们让我相信另一个未来是可能的，让我每天为之而努力。

感谢我的父母、我的兄弟们和这个不断壮大的家庭。谢谢这么多年来一直在关注我的"疯狂"聒噪的生态素食主义，与我共同成长，并为我感到骄傲。

我的老朋友和新朋友们，感谢你们把这个项目看作有潜力的。

在"Sortez Tout Vert"（绿色）社区，成千上万的人选择分享我的日常生活和我有时傻气的幽默感。

最后，感谢读者阅读我的书，我真诚地希望我能够播下一些改变的种子，这样我们就能很快收获可持续、幸福和充实生活的果实！